AF609177

LES USAGES
DE LA SPHÈRE,
DES GLOBES
CÉLESTE ET TERRESTRE.

Imprimerie de HENNUYER et TURPIN, rue Lemercier, 24.
Batignolles.

LES USAGES
DE LA SPHÈRE,
DES GLOBES
CÉLESTE ET TERRESTRE,

PRÉCÉDÉS

D'UN PRÉCIS DES DIFFÉRENTS SYSTÈMES DU MONDE;

ET SUIVIS

DE LA DESCRIPTION ET DES USAGES DE LA GÉOCYCLIQUE, ETC.

PAR DELAMARCHE,

GÉOGRAPHE ET SUCCESSEUR DE ROBERT DE VAUGONDY,

GÉOGRAPHE DU ROI.

HUITIÈME ÉDITION.

Revue et corrigée.

PARIS,

CHEZ DELAMARCHE, INGÉNIEUR-MÉCANICIEN

POUR LES GLOBES ET SPHÈRES,

Rue du Battoir, 7.

1843

A LA JEUNESSE.

La Sphère et le Globe sont des instruments inutiles entre les mains de celui qui n'en connaît point les propriétés. Mon intention est de vous en démontrer le mécanisme et l'emploi, joignant toujours la pratique à la théorie, et vous facilitant, par un amusant exercice, l'étude d'une science si capable, par la grandeur de son objet, d'exciter profondément votre curiosité. C'est là le but des USAGES DE LA SPHÈRE ET DES GLOBES.

Vous pourrez facilement connaître la

situation et l'histoire des différentes Constellations; les mouvements combinés et les révolutions des corps de notre Système; la simplicité avec laquelle s'expliquent les inégalités des jours, la succession des saisons, la différence des climats. Enfin le magnifique spectacle du ciel vous sera dévoilé.

Puisse ce travail vous inspirer le noble désir de pénétrer plus avant dans la première et la plus belle des sciences! Mon but serait alors complétement atteint.

TABLE.

FIN DE LA TABLE.

LES USAGES
DE LA SPHÈRE,
DES GLOBES
CÉLESTES ET TERRESTRES,

SUIVANT LES SYSTÈMES DE PTOLÉMÉE ET DE COPERNIC ; PRÉCÉDÉS D'UN ABRÉGÉ ANALYTIQUE SUR L'ORIGINE DE LA SPHÈRE ET DES GLOBES, SUIVIS DE L'EXPLICATION ET DE L'USAGE DE LA MACHINE NOMMÉE GÉO-CYCLIQUE, DU PLANÉTAIRE, ETC.

CHAPITRE PREMIER.

§ Ier.

De l'origine de la Sphère.

L'origine de la sphère semble se perdre dans l'obscurité des temps, et se cacher sous le voile de la fable.

Diodore de Sicile nous apprend qu'Hercule, revenant de quelques-unes de ses expéditions, rencontra des pirates sur un rivage où ils étaient descendus pour prendre des rafraîchissements. Ces pirates, par ordre de Busiris, roi d'Égypte, avaient enlevé les sept filles d'Atlas, qui possédait de grandes richesses dans la partie la plus occidentale de l'Afrique : la beauté de ces jeunes personnes, et plus encore leur sagesse, avaient excité l'amour de Busiris.

Hercule, instruit de ce qui s'était passé, attaque et tue les ravisseurs, rend les Hespérides à la liberté et à leur père. Le désespoir d'Atlas fait place à la joie et à la reconnaissance. Ce père donne au libérateur de ses enfants, non-seulement une partie des fruits qui composaient toute sa richesse, mais encore il veut l'initier dans les principes de l'astronomie. Très-versé dans cette science, Atlas avait presque toujours une sphère à la main; il en donne une semblable à Hercule, qui porte dans la Grèce les présents dont il était comblé, ce qui fait dire à Diodore que ce héros enseigna aux Grecs la science de la sphère : de là aussi la fable qui nous représente Atlas portant le ciel sur ses épaules, et Hercule le relevant dans ce pénible emploi.

On croit qu'Hercule avait fait des découvertes importantes en astronomie; qu'il avait fixé dans le zodiaque les points des équinoxes et des solstices, et prédit l'éclipse de soleil qui devait arriver le jour même qu'il avait choisi pour mourir sur le mont OEta.

Hercules astrologus fuit, qui eo se flammis conjecit die quo solis erat obscuritas futura, ut opinio suæ divinitatis confirmaretur. (Festus, cité par Vivès.)

La narration de Diodore est tellement circonstanciée[1], que l'on serait presque tenté de la croire véritable. Mais que penser du choix des Argonautes, fondé sur la science d'Hercule, lorsqu'on sait que le trajet de la Grèce en Colchide se fait très-fréquemment avec de simples barques? Quelques merveilles que les historiens aient publiées, les poëtes ont toujours enchéri sur eux; et la fiction représentant Atlas chargé du poids

[1] *Diodori Siculi Historiarum priscarum*, etc., liber V : première édition (1472).

du ciel, nous peint, sans doute, l'entreprise immense de la recherche des causes, comme un fardeau qui accable la faiblesse humaine. Ses sept filles nous donnent l'idée des sept planètes qui ont communiqué leurs noms aux jours de la semaine.

La semaine commençait, chez les Égyptiens, le jour de Saturne, le samedi; chez les Indiens, le vendredi; chez nous elle commence le dimanche : le choix de ce premier jour est arbitraire; mais ce qui doit étonner, c'est que l'ordre des planètes qui président à ces jours soit invariable et partout le même.

L'antiquité ne fournit rien qui puisse donner la plus légère idée du système des Chaldéens, sans contredit les premiers astronomes. Quoiqu'ils eussent nécessairement une grande connaissance de la sphère, des planètes et des constellations, cependant, jaloux de leur système astronomique, ils ont laissé ignorer jusqu'aux noms mêmes qu'ils leur avaient donnés.

Enfin Thalès, de Milet, l'un des sept sages de la Grèce, et fondateur de l'école d'Ionie, ayant saisi le mouvement exact et régulier du monde, se persuada aisément que sa forme était sphérique; il crut qu'il n'y avait qu'un corps sphérique qui pût se mouvoir dans des proportions exactes.

On le vit avec étonnement donner une nouvelle forme à l'univers. Le ciel perdit, pour ainsi dire entre ses mains, son immensité, qui se resserra dans l'enceinte étroite d'une machine qui l'exprimait néanmoins tout entière. Il distribua le ciel en cinq parties circulaires, deux petites, deux moyennes et une grande, coupées toutes à angles droits par deux grands cercles, dont l'un servait à séparer la partie du monde actuellement éclairée de celle qui ne l'est pas; et l'autre à marquer le point précis où le soleil se trouve chaque jour quand il est au milieu de sa course : les deux plus petites de ces cinq portions inégales et circulaires ne se trouvent jamais sur la route de cet astre. Renfermé entre les deux moyennes, il parcourt l'intervalle qui les sépare, en traçant obliquement, autour de la grande portion qui partage cet intervalle, un cercle lumineux, qui fait tout à la fois la mesure de l'année et la différence des saisons.

Il est facile de reconnaître dans cette distribution les cinq zones, au moyen des cinq cercles, et l'usage de ces différents cercles selon leur grandeur. Les deux plus petits sont l'arctique et l'antarctique, que le soleil ne rencontre jamais sur sa route : les deux moyens sont les tropiques, coupés à angles droits par l'horizon et par le méridien. La grande portion qui partage l'intervalle entre les deux tropiques, est l'équateur coupé obliquement par l'écliptique que l'astre décrit autour de ce même cercle.

Thalès distribua en jours et en parties de jour, le temps que le soleil emploie à parcourir l'espace qui sépare les deux solstices; il évalua en degrés et en portions de degré l'arc du grand cercle compris entre ces deux points. Ce philosophe astronome détermina exactement la grandeur des angles que forme l'obliquité de l'écliptique par rapport à l'équateur; enfin il apprit aux navigateurs à préférer, pour se conduire, la petite Ourse à la grande, parce qu'en effet, quoique moins sensible, elle indique plus sûrement le vrai nord du monde.

§ II.

De l'origine du Globe céleste.

Si l'on en croit la tradition commune, Archimède est l'inventeur du globe céleste. C'était un meuble de verre, le plus considérable qui ornât les bibliothèques des anciens. Cicéron parle avec enthousiasme de cet ouvrage merveilleux, dans lequel le mouvement des planètes était représenté : voilà tout ce que les anciens nous apprennent à ce sujet.

§ III.

De l'origine du Globe terrestre.

Anaximandre, disciple et successeur de Thalès, dans l'école de Milet, après avoir imaginé la Terre suspendue au milieu de l'univers, et agitée d'un mouvement de rotation dont le centre était celui du monde même, supposa cette Terre sphérique; et, le premier, il eut l'idée de représenter sur un corps sphérique toutes les parties connues de son temps.

Ces inventions, informes, il est vrai, dans leurs commencements, se perfectionnèrent peu à peu. Le secours de la géométrie et des observations astronomiques contribua à rendre l'usage du globe terrestre, comme celui de la sphère ou du globe céleste, sûr et fidèle, en rendant celui-ci conforme aux aspects du ciel et aux mouvements des astres. « Le travail des anciens, dit Pluche, « ayant été longtemps la principale règle « de l'étude qu'on faisait du ciel, et servant « encore aujourd'hui à rendre raison d'une « façon simple de l'ordre de nos jours, en « toutes sortes de pays, connaissons la va- « leur du bien qu'ils nous ont laissé.» (*Spect.* « *de la Nat.*, IV, p. 358.)

« Le globe terrestre, ajoute le même au- « teur, pouvant amener tour à tour tous ses « points sous le méridien, et le méridien « pouvant hausser ou baisser l'axe du monde, « en glissant dans les entailles de l'horizon,

« il nous est aisé de déterminer les aspects « du ciel à l'égard de tous les peuples de la « terre, de mesurer les distances des lieux, « de connaître la durée des jours et des « nuits pour tel lieu, le moment du lever et « du coucher du soleil, l'heure qu'il est dans « tel endroit quand il est midi dans un « autre; en un mot, de satisfaire, à l'aide « d'une sphère ou d'un globe, à toutes les « questions qui regardent la disposition des « lieux, tant entre eux sur le globe, qu'à « l'égard du soleil et de tout le ciel. »

§ IV.

De la machine Géo-Cyclique.

M. l'abbé de Cannaye, dans ses *Recherches sur Anaximandre*, fait observer que ce philosophe, au moyen d'une figure détaillée par Plutarque, pouvait facilement expliquer toutes les positions du soleil, son lever, son coucher, ses éclipses; il n'avait besoin, pour ces dernières, que de fermer de temps en temps l'espèce de bouche qui vomissait le feu dont cet astre est composé, et, en présentant successivement les différents points de l'orbite dans laquelle il enchâssait le soleil, aux diverses parties de la terre, il leur dispensait tour à tour la lumière et les ténèbres.

N'y aurait-il pas lieu de présumer que James Ferguson, astronome anglais, imagina, en 1700, sur le plan de cette figure, une sphère à lanterne, dont il donne le détail dans son Astronomie? Cette machine, dont plusieurs auteurs ont, après lui, revendiqué l'invention, fut exécutée en 1773 par Fortin, ingénieur-mécanicien pour les globes et sphères. Elle se trouve aujourd'hui chez le successeur de Fortin et de Robert de Vaugondy, rue du Battoir, n° 7.

La géo-cyclique démontre avec simplicité les révolutions apparentes du soleil, la succession des saisons, les inégalités des jours et des nuits, les phases de la lune, etc. Nous en donnerons la description et les usages.

CHAPITRE II.

§ Ier.

Abrégé des différents Systèmes du Monde.

De tout ce que Dieu a formé dans la création de l'univers, rien de plus imposant que l'aspect de ces astres qui manifestent sa puissance. On dirait même que, dans les premiers temps, le Créateur n'a prolongé la vie de l'homme que pour qu'il eût le temps d'approfondir cette étude, nécessaire aux besoins de la vie et de la société.

Mais, comme l'harmonie qui règne entre les corps célestes, comme les combinaisons qui les dirigent, dépendent de la volonté divine, il a fallu recourir à des suppositions ou systèmes pour expliquer les phénomènes, et inventer des instruments pour transmettre à la postérité les moyens de se les rendre familiers. C'est de ces principaux systèmes et de ces instruments que nous donnons ici l'analyse et l'explication.

Mais avant de faire connaître ces systèmes et les instruments qui en facilitent l'intelligence, il est à propos d'indiquer comment on distingue les diverses espèces d'astres qui frappent nos regards.

Si, dans une suite de belles nuits, par un ciel serein, on observe cette foule immense d'étoiles qui répandent un éclat plus ou moins vif, on ne tardera pas à en distinguer deux espèces principales.

Les unes jettent une lumière scintillante qui change de couleur à chaque instant; elles conservent entre elles le même ordre, la même distance, et ne présentent pas de variations sensibles dans leur configuration; ce sont celles qu'on nomme *étoiles fixes*: le nombre en est infini; elles sont tellement éloignées de nous, que l'on ne peut en mesurer la distance; et leur grandeur apparente, à quelques exceptions près, est toujours la même. Tous ces caractères particuliers nous font présumer que ces étoiles fixes sont des corps lumineux par eux-mêmes, semblables au soleil qui nous éclaire.

Les autres, en très-petit nombre, donnent une lumière tranquille et uniforme, et n'offrent pas de changements de couleur. La lumière qu'elles réfléchissent n'est que celle qu'elles reçoivent du soleil. En les suivant attentivement, on s'aperçoit qu'elles changent de place dans le ciel, par rapport aux groupes d'étoiles fixes qui les environnent. Ce sont celles qu'on a nommées *planètes*, ou *étoiles errantes*. Les planètes connues aujourd'hui sont au nombre de dix : on les a désignées par les noms particuliers qui suivent : *Mercure*, *Vénus*, *Mars*, *Jupiter*, *Saturne*, *Uranus*, *Cérès*, *Pallas*, *Junon* et *Vesta*. Les cinq premières étaient connues des anciens; on les distingue parfaitement à l'œil nu, et elles sont quelquefois dans des circonstances assez favorables à leur aspect, pour que leur éclat et leur grandeur attirent nos regards. Les cinq dernières sont le résultat des découvertes des astronomes modernes; elles sont très-petites, et ne peuvent être vues qu'à l'aide d'instruments d'optique, et c'est pour cela qu'on les nomme aussi *planètes télescopiques*. Aujourd'hui la Terre est mise au rang des planètes, à cause des nombreux rapports qu'elle a avec elles.

Les planètes Jupiter, Saturne et Uranus ont, dans leur voisinage, d'autres petites *planètes secondaires* qui tournent autour d'elles, et que pour cela on nomme leurs *satellites*. On connaît 4 satellites à Jupiter, 7 à Saturne, et 6 à Uranus. La Lune est un satellite de la Terre. On n'a rien découvert de semblable autour des autres planètes. Les satellites sont aussi des corps opaques qui, comme les planètes principales, reçoivent leur lumière du Soleil.

Enfin de temps en temps d'autres astres, par leur rareté et la variété de leurs formes, viennent frapper notre attention. On les aperçoit d'abord fort petits, peu brillants, et s'avançant lentement : peu à peu leur éclat et leur grandeur se développent, et donnent quelquefois naissance à des traînées de lumière qui ont longtemps excité la terreur des hommes. Ce sont ces astres qu'on nomme *comètes*. Leur apparition est ordinairement de courte durée; le trajet immense qu'elles parcourent dans les cieux les dérobe à nos recherches dès qu'elles sont parvenues à une distance que nos instruments ne peuvent plus atteindre.

Tels sont les corps qui composent ce que nous nommons indifféremment *système planétaire*, *système solaire* ou *système du monde*. L'explication de l'arrangement et des apparences que présentent les parties de ce système a été, pendant des siècles, l'objet des travaux des hommes. Elle dépend de la connaissance du véritable corps qui est au centre des mouvements : est-ce le Soleil? est-ce la Terre? la difficulté d'établir ce point capital a donné lieu à diverses opinions, dont nous allons faire connaître les plus importantes.

§ II.

Système de Ptolémée.

Claude Ptolémée, le premier astronome connu pour avoir composé un corps complet d'astronomie, place la Terre stable au centre de l'univers; autour de la Terre il fait tourner circulairement, d'orient en occident, dans l'espace de vingt-quatre heures, différents cieux et tous les astres par le mouvement d'un premier mobile; ce qui produit cette constante et perpétuelle alternative du jour et de la nuit.

Selon ce système, les planètes tournent autour de la Terre, avec cette disposition : la Lune est la plus proche; viennent ensuite Mercure, Vénus, le Soleil, Mars, Jupiter et Saturne, et enfin le firmament, ou le ciel des étoiles fixes, qui sont les plus hautes de toutes, au-dessus duquel est le premier mobile.

Outre ce mouvement, commun à tous les astres, Ptolémée leur en attribue un autre qui leur est propre, et qui se fait d'occident en orient. C'est par ce mouvement que les planètes et les étoiles fixes font, en différents temps, leurs révolutions particulières sur les pôles d'un cercle oblique, que l'on appelle *écliptique;* savoir : la Lune en 27 jours 7 heures 43 min.; Mercure en 87 jours 23 heures; Vénus en 224 jours 17 heures; le Soleil en 365 jours 6 heures; Mars en 1 an 321 jours 23 heures; Jupiter en 11 années communes 317 jours; Saturne en 29 ans 177 jours. Mais ces deux mouvements ne suffisant pas pour rendre raison des différentes distances des planètes à la Terre, Ptolémée est obligé d'imaginer des cercles excentriques, c'est-à-dire des orbes dont le centre est plus ou moins éloigné du centre de la Terre; la distance entre le centre de la Terre et celui de l'orbe excentrique de la planète, se nomme *excentricité*: lorsqu'elle est dans la plus haute partie de son excentrique, elle est le plus éloignée de la Terre qu'elle peut l'être : cette distance s'appelle *apogée*, et la partie de l'excentrique la plus voisine de la Terre *périgée*. En outre, cet astronome, pour expliquer l'irrégularité des mouvements, donne à chaque planète un épicycle, c'est-à-dire un petit cercle qui a deux mouvements irréguliers, l'un autour d'un autre grand cercle, et l'autre sur son propre centre; ce qui rend son système très-compliqué, système néanmoins qui a joui d'une longue possession, et qu'on croyait fondé sur le rapport des yeux.

§ III.

Système de Copernic.

Ce système, dont Pythagore avait posé la base, soutenu par Philolaüs, Aristarque, et surtout par Cléante de Samos, longtemps combattu par l'ignorance et le préjugé, semble n'avoir prévalu que par la force de la vérité. Écarté sous le règne de la philosophie péripatéticienne, Copernic, Polonais, après trente ans de travail, le rétablit enfin heureusement vers le milieu du seizième siècle. Cet astronome, aussi instruit que sage, replace le Soleil immobile au centre du monde, comme un flambeau qui l'éclaire et le vivifie, et lui donne un mouvement de rotation sur lui-même. La Terre tourne, en vingt-quatre heures, autour de son axe, et décrit en même temps un cercle autour du Soleil, dans l'espace d'une an-

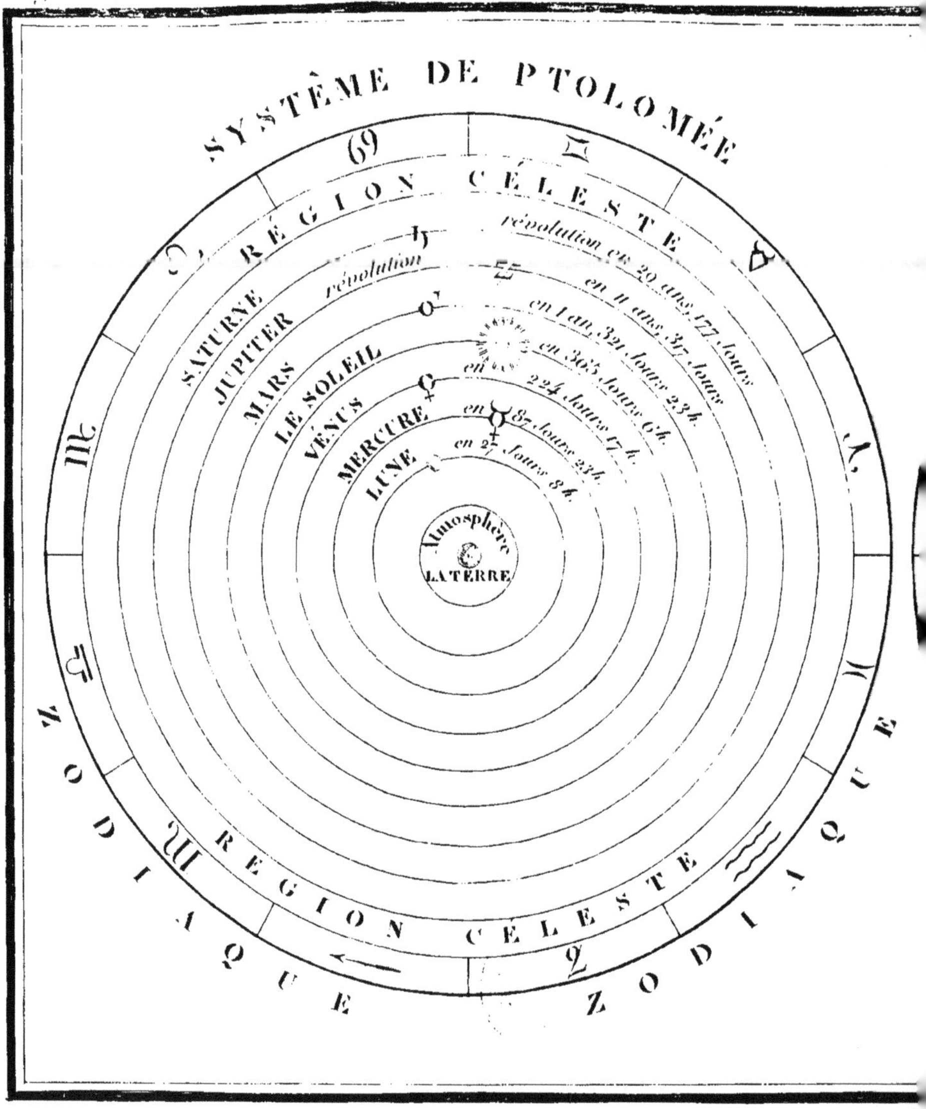

SYSTÈME DE PTOLOMÉE

RÉGION CÉLESTE

SATURNE révolution en 29 ans 177 Jours

JUPITER révolution en 11 ans 317 Jours

MARS en 1 an 321 Jours 23h.

LE SOLEIL en 365 Jours 6h.

VÉNUS en 224 Jours 17h.

MERCURE en 87 Jours 23h.

LUNE en 27 Jours 8h.

Atmosphère

LA TERRE

RÉGION CÉLESTE

ZODIAQUE

ZODIAQUE

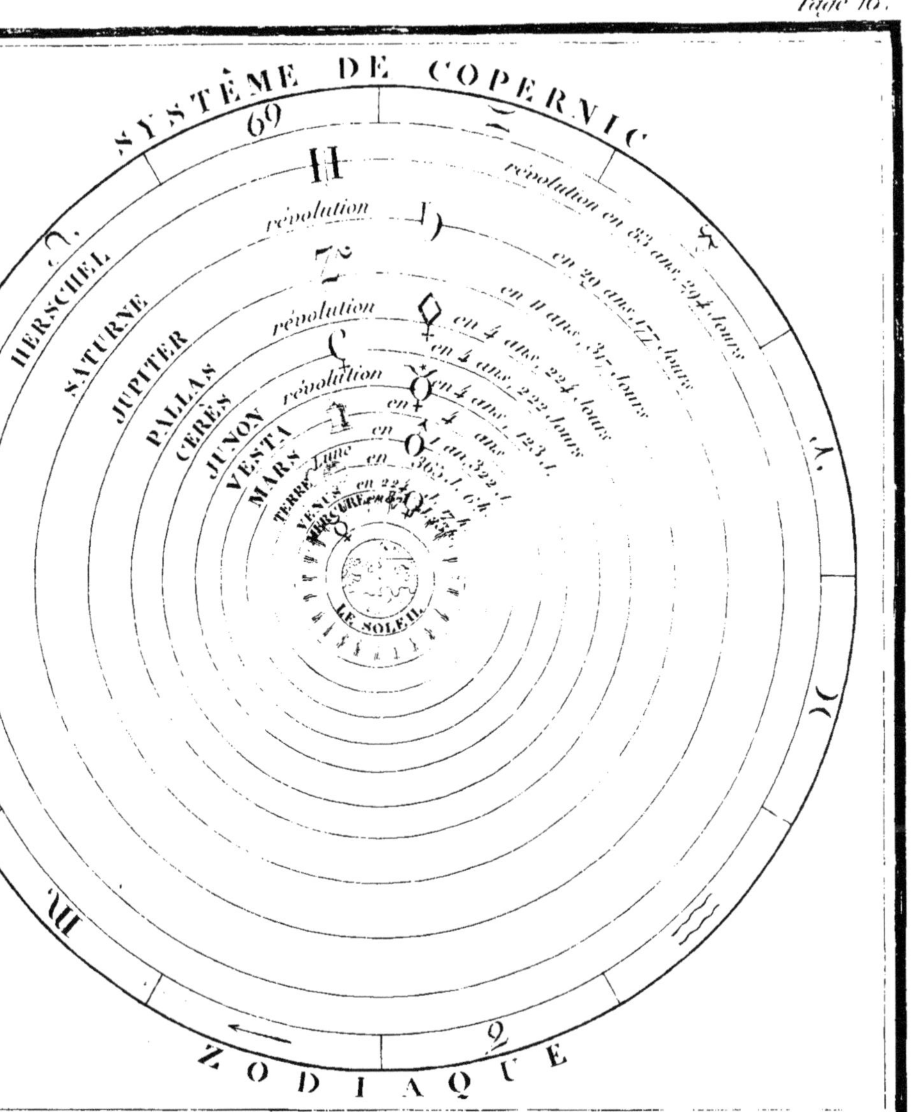
SYSTÈME DE COPERNIC
HERSCHEL
SATURNE
JUPITER
PALLAS
CERÈS
JUNON
VESTA
MARS
TERRE
VÉNUS
MERCURE
LE SOLEIL
Lune
révolution en 83 ans, 294 Jours
révolution en 29 ans, 177 Jours
en 11 ans, 317 Jours
révolution en 4 ans, 224 Jours
en 4 ans, 222 Jours
révolution en 4 ans, 123 J.
en 4 ans
en 1 an, 322 J.
en 365 J. 6 h.
en 224 J. 17 h.
69
ZODIAQUE

née. Se rapprochant ainsi de la simplicité que le Créateur emploie dans ses moyens, il explique les phénomènes avec une vérité reconnue par les observations, beaucoup moins de suppositions que Ptolémée, beaucoup mieux enfin que tous ceux qui l'avaient précédé.

Dans ce système, la Terre et toutes les planètes se meuvent autour du Soleil à des distances inégales, et accomplissent leurs révolutions dans des temps différents. Le tableau suivant présente ces planètes dans leur ordre de distance, et offre la durée de leurs révolutions autour du Soleil. La distance du Soleil à la Terre y est prise pour terme de comparaison, ou pour unité.

NOMS des PLANÈTES.	DISTANCES moyennes AU SOLEIL.	DURÉES de LEURS RÉVOLUTIONS.
		jours.
Mercure.......	0,387	87,969
Vénus.........	0,723	224,701
La Terre.......	1,000	365,256
Mars..........	1,524	686,980
Vesta.........	2,373	1335,205
Junon.........	2,667	1590,998
Cérès.........	2,767	1681,539
Pallas.........	2,768	1681,709
Jupiter........	5,203	4332,596
Saturne........	9,539	10758,970
Uranus........	19,183	30688,713

Les planètes qui ont des satellites les entraînent avec elles autour du Soleil; ces planètes secondaires tournent autour de leur planète principale, dans des temps différents, et à des distances inégales que les astronomes ont déterminées. C'est ainsi que la Lune, satellite de la Terre, fait sa révolution autour de nous en 27 jours. Le premier satellite de Jupiter tourne autour de sa planète en 1^{j}, 7691; le 2e en 3^{j}, 5512; le 3e en 7^{j}, 1546; et le 4e en 16^{j}, 6888. Nous pourrions de même rapporter la durée des révolutions des satellites de Saturne et d'Uranus; mais cela est moins important que pour les satellites de Jupiter, qui sont d'un grand intérêt et d'une grande utilité pour la géographie et la navigation.

Outre le mouvement de translation qui anime les planètes, on a reconnu, à celles d'entre elles qui ont un disque sensible, un mouvement de rotation autour d'un axe principal. De fortes analogies font penser que les planètes télescopiques et les satellites sont doués d'un semblable mouvement.

A l'égard de la Terre, c'est le mouvement de rotation qui, s'opérant en 24 heures, d'occident en orient, autour d'un axe incliné, nous donne le jour et la nuit, et fait passer devant nos yeux, dans l'intervalle de vingt-quatre heures, tout le spectacle merveilleux de la voûte des cieux.

Par l'immobilité du Soleil, les mouvements de translation et de rotation de la Terre, Copernic explique d'une manière satisfaisante la diversité des saisons, l'inégalité des jours, et une foule d'autres phénomènes que nous indiquerons, et qui ne pouvaient être compris sans cette hypothèse.

En admettant ce système, le mouvement du Soleil n'est qu'apparent, et il faut s'accoutumer à concevoir que, quand nous disons que le Soleil est dans un signe, c'est la Terre qui est dans un autre diamétralement opposé; que quand le Soleil nous paraît avoir une déclinaison septentrionale, c'est réellement la Terre qui en a une méridionale; que, le Soleil nous paraissant tourner d'orient en occident, c'est la Terre qui tourne d'occident en orient.

Ce système, il est vrai, semble contrarier le témoignage de nos sens, mais il est, à tous égards, préférable à celui de Ptolémée, puisqu'il rend rigoureusement raison de toutes les apparences des astres. Les observations par lesquelles on a découvert que le Soleil, Jupiter, Mars et Vénus tournent sur leurs axes, ont donné une grande évidence à ce système.

§ IV.

Système de Tycho-Brahé.

Il est assez naturel de dire deux mots du

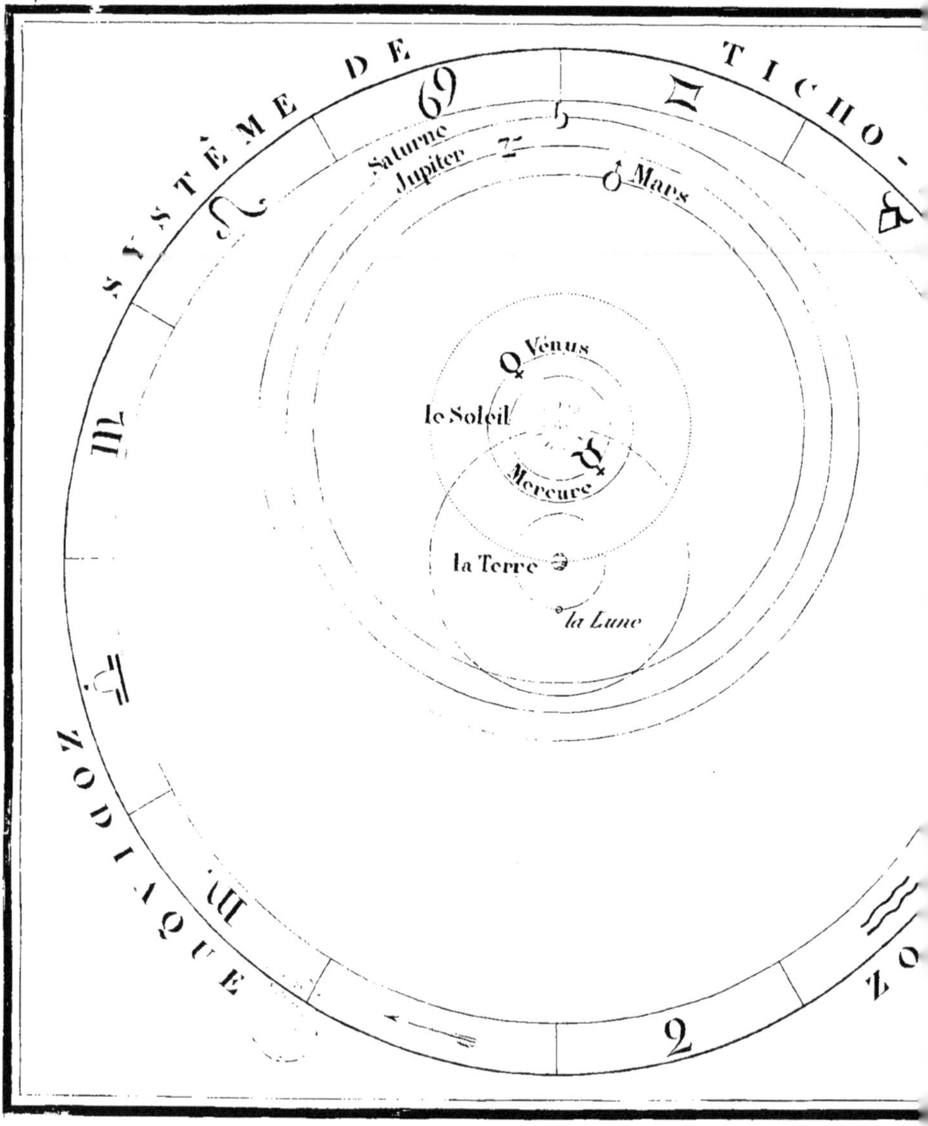

SYSTÈME DE TICHO-

ZODIAQUE

ZO

Saturne

Jupiter

Mars

Vénus

le Soleil

Mercure

la Terre

la Lune

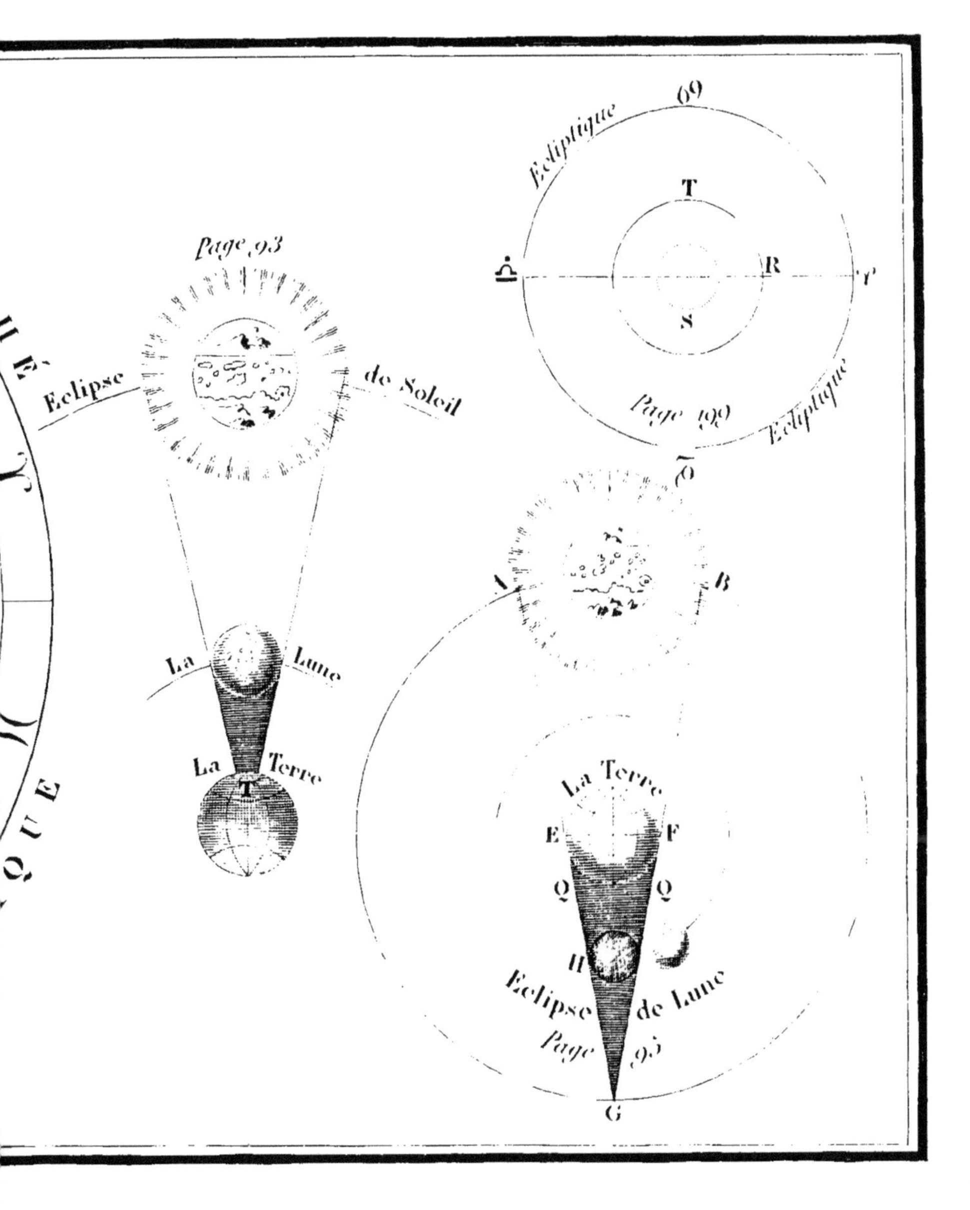

Page 93
Eclipse
de Soleil
La
Lune
La
Terre
T
Ecliptique
69
T
R
S
Page 199
Ecliptique
A
B
La Terre
E
F
Q
Q
H
Eclipse
de Lune
Page
95
G

système de Tycho, puisqu'on a parlé de celui de Ptolémée. Tycho-Brahé a essayé vainement d'opposer un nouveau système à celui de Copernic. Suivant lui, la Terre est immobile au centre de l'univers; tous les astres se meuvent chaque jour autour de l'axe du monde; et le Soleil, dans sa révolution annuelle, emporte avec lui les planètes. Dans cette hypothèse, les apparences sont sans doute les mêmes que dans celles du mouvement de la Terre; mais n'est-il point absurde de supposer la Terre immobile dans l'espace, tandis que le Soleil entraîne les planètes au milieu desquelles elle se trouve située?

CHAPITRE III.

DE LA SPHÈRE ET DES GLOBES.

On appelle *sphère*, σφαῖρα, *sphæra*, *globus*, boule ou *globe*, un instrument qui sert à représenter le ciel ou la Terre. On distingue deux sortes de globes, l'un céleste, l'autre terrestre.

Le *globe céleste* est une boule destinée à représenter les constellations et les mouvements planétaires, l'écliptique, l'équateur. les cercles de latitude, les cercles de déclinaison, le méridien et l'horizon.

Le *globe terrestre* est une boule qui nous représente la Terre, ses continents, ses villes, ses mers et toutes les contrées.

Mais la *sphère* appelée *armillaire*, *armilla*, anneau ou collier, à cause de sa composition, est un globe évidé et découpé, de manière qu'il ne reste que l'assemblage de plusieurs cercles placés entre eux dans le même ordre que les différents cercles imaginés dans le ciel pour marquer la trace ou le passage des astres qui y roulent, et les bornes précises qui terminent leurs courses, soit qu'on suppose la Terre stable, comme l'a pensé Ptolémée, ou mobile, comme l'a démontré Copernic.

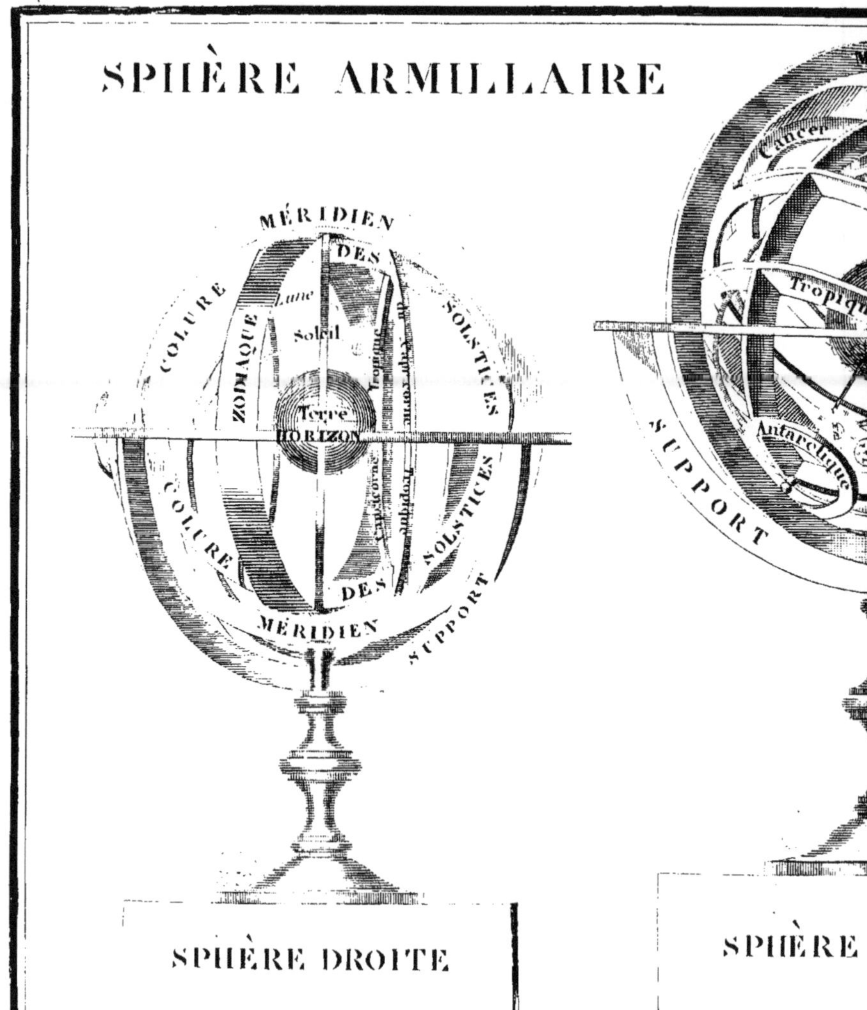
SPHÈRE ARMILLAIRE
MÉRIDIEN
DES
COLURE
SOLSTICES
ZODIAQUE
Lune
Soleil
Tropique
du Capricorne
Terre
HORIZON
COLURE
DES
SOLSTICES
Capricorne
Tropique
MÉRIDIEN
SUPPORT
SPHÈRE DROITE
Cancer
Tropiq
Antarctique
SUPPORT
SPHÈRE

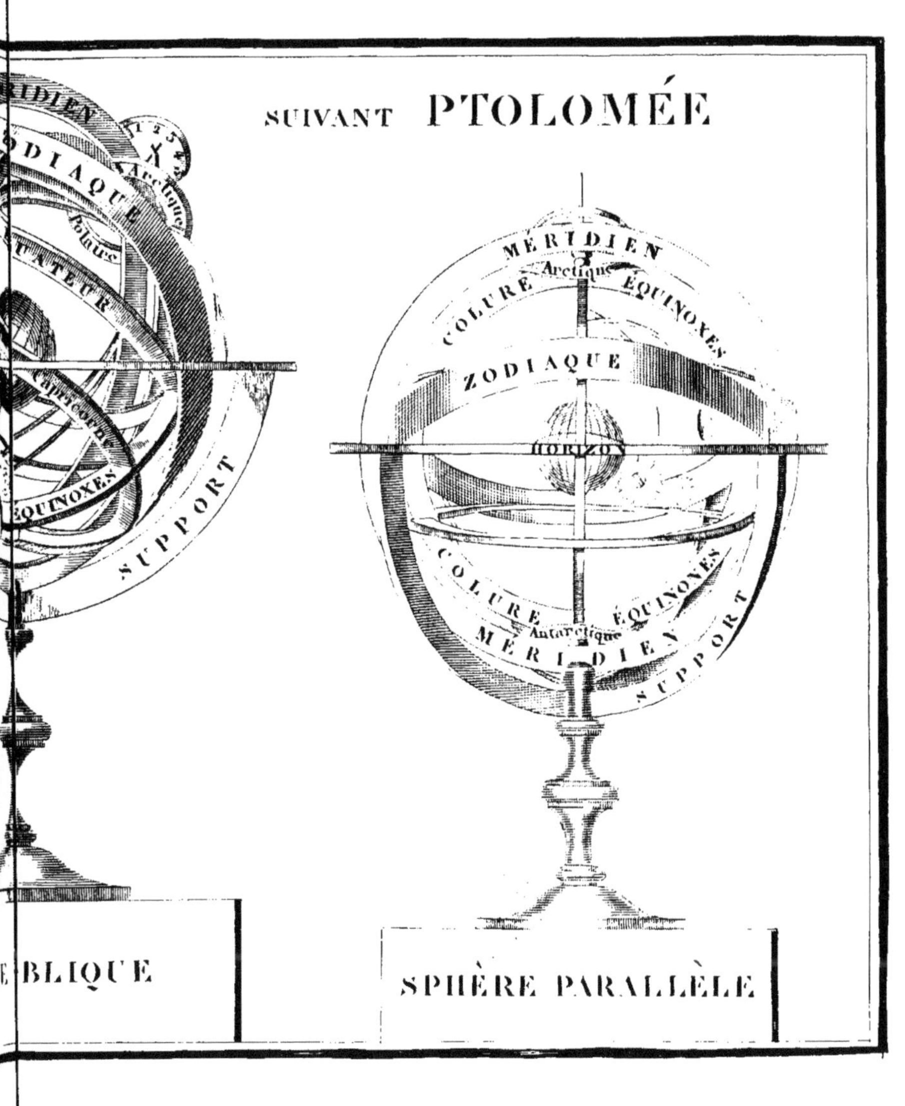
SUIVANT PTOLOMÉE
RIDIEN
ODIAQUE
Arctique
Polaire
UATEUR
Capricorne
EQUINOXES
SUPPORT
MÉRIDIEN
Arctique
COLURE ÉQUINOXES
ZODIAQUE
HORIZON
COLURE ÉQUINOXES
Antarctique
MÉRIDIEN
SUPPORT
BLIQUE
SPHÈRE PARALLÈLE

Description de la Sphère armillaire, ou *Sphère de Ptolémée.*

La sphère armillaire est un instrument astronomique qui représente, d'une manière naturelle et sensible, le mouvement du ciel et des astres. Au centre est fixé un petit globe terrestre avec son inclinaison. Dans l'intérieur, sont deux bandes de cuivre mince attachées à 23 deg. 30 min. du pôle arctique, vrai point du pôle de l'écliptique, l'une pour le Soleil, l'autre pour la Lune, afin de donner une idée de leurs mouvements et de leurs éclipses. Tous les cercles mobiles, enchâssés les uns dans les autres, forment une espèce de charpente qui tourne au-dedans du cercle du méridien, sur deux points fixes et déterminés, appelés *pôles*, πολος, *polus;* πολεω, *verto*, tourner, l'un *arctique*, parce qu'il avoisine une constellation composée de sept étoiles, appelée par les Grecs αρκτος, *Septentrio* par les Latins, et par nous, d'après les Grecs, *Ourse;* l'autre pôle se nomme *antarctique*, αντι, *contra*, à l'opposite, parce qu'il est opposé au premier. Le méridien, qui s'élève verticalement sur l'horizon, est reçu, dans sa partie inférieure, par une entaille faite à la tige qui soutient l'instrument, et ses côtés par deux entailles pratiquées sur l'horizon, au nord et au sud : ce cercle s'élève et se baisse à volonté. L'horizon est soutenu par quatre supports attachés à la même tige.

On considère dans la sphère, les points, les axes et les cercles.

§ Ier.

Les Points.

Les points sont au nombre de dix, dont quatre nommés *cardinaux*, du latin *cardines*, les gonds d'une porte, parce que, dans les opérations, tout roule sur ces points; quatre *collatéraux* et deux *verticaux*.

Les points cardinaux marquent les quatre principales parties ou régions du monde : on les appelle *septentrion, midi, orient* et *occident;* ou autrement, *nord, sud, est* et *ouest.*

Les deux points par lesquels passe le méridien dans l'horizon se nomment nord et sud; nord ou septentrion, du côté vers lequel incline le pôle arctique ou boréal; sud ou midi du côté sous lequel est abaissé le pôle antarctique ou austral. Les deux autres points, dans lesquels l'axe, que l'on peut supposer au méridien, va couper l'horizon, sont l'est ou l'orient, l'ouest ou l'occident. Ces quatre points cardinaux sont fixes et toujours placés dans l'horizon.

Les points d'orient et d'occident sont des points mobiles que le soleil change tous les jours par ses différents levers et couchers; mais quand on parle simplement de l'orient et de l'occident, on doit entendre ceux où le soleil se lève et se couche le jour des équinoxes.

L'orient est le point où le soleil se lève; l'occident est le point où il se couche.

Les quatre points collatéraux sont l'*orient* et l'*occident d'été*, c'est-à-dire les points où le soleil se lève et se couche au plus long jour de l'année; l'*orient* et l'*occident d'hiver*, c'est-à-dire les points où le soleil se lève et se couche au plus court jour de l'année.

Les deux points verticaux sont le *zénith* et le *nadir*.

Le zénith est le point qui répond directement au-dessus de notre tête, celui auquel va se diriger le fil à plomb, lorsqu'on y suspend un poids, et que l'on imagine ce fil prolongé vers le haut jusque dans la concavité du ciel. Ce point étant le plus élevé, il est toujours éloigné de 90°, ou d'un quart de cercle de tous les points de l'horizon.

Le nadir est le point inférieur, directement opposé au zénith, celui vers lequel se dirige, en bas, un fil à plomb en vertu de la gravité naturelle.

Ces deux noms viennent des Arabes, qui les premiers ont distingué ces deux points.

Ainsi, chaque point du globe de la terre a son zénith et son nadir, particulièrement si l'on imagine une ligne tombant à-plomb sur le milieu de l'horizon, et qui en tienne les deux extrémités également distantes.

Cette ligne sera l'axe de l'horizon, et les deux points qui terminent cet axe seront le zénith et le nadir.

§ II.

Les Axes.

L'axe d'un cercle est une ligne que l'on conçoit passer par le centre, et dont les deux bouts, qu'on appelle pôles, sont également distants de tous les points qui terminent le cercle.

Il y a quatre axes importants à distinguer dans la sphère, et qui sont : 1° l'axe du monde, sur les pôles duquel le ciel tourne ou semble tourner; 2° l'axe de l'horizon, dont les pôles sont le zénith et le nadir ; 3° l'axe de l'écliptique, sur les pôles duquel se fait le mouvement des étoiles et du soleil; 4° l'axe du méridien, dont les pôles donnent dans l'horizon les points du vrai orient et du vrai occident.

§ III.

Les Cercles.

On distingue six grands cercles et quatre petits. Les six grands sont ainsi nommés parce qu'ils ont tous un centre commun, et que par cette raison ils coupent la sphère en deux parties égales.

Les grands cercles sont : l'*Équateur*, l'*Écliptique*, l'*Horizon*, le *Méridien*, le *Colure des équinoxes*, le *Colure des solstices*. Les quatre petits sont : le *tropique du Cancer*, le *tropique du Capricorne*, le cercle *polaire arctique*, le cercle *polaire antarctique*.

Chaque cercle, grand ou petit, est divisé en 360 parties que l'on nomme degrés (°); chaque degré se partage en 60 minutes(′); la minute en 60 secondes (″); la seconde en 60 tierces (‴). Cette subdivision se fait autant qu'on le juge nécessaire. La division en 360° a mérité la préférence, parce que dans les calculs les subdivisions s'expriment par des nombres ronds, qui se multiplient et se divisent exactement.

1° L'*équateur* est un grand cercle également distant du pôle arctique et du pôle antarctique; il est aussi appelé *ligne équinoxiale*, ou simplement la *ligne* par les marins, parce que le soleil décrivant, ou paraissant décrire ce cercle par son mouvement journalier, donne les équinoxes, c'est-à-dire que le jour est égal à la nuit dans tous les lieux de la terre, cet astre étant douze heures au-dessus et douze heures au-dessous de l'horizon; ce qui arrive deux fois l'année à six mois de distance, quand il se trouve avoir 41° 10′ de hauteur méridienne, ou la même hauteur que l'équateur pour Paris. L'un est appelé équinoxe du printemps, et a lieu le 21 mars; l'autre équinoxe d'automne, le 22 septembre.

Ce cercle divise le ciel en deux parties égales, l'une nommée hémisphère septentrional, l'autre hémisphère méridional.

Le soleil parcourt de ce cercle 15° par heure, et conséquemment toute sa circonférence en 24 heures; voilà le jour naturel.

Ce sont les deux points d'intersection de ce cercle avec l'horizon qui marquent le vrai orient et le vrai occident, c'est-à-dire le point où le soleil se lève et se couche dans le temps des équinoxes. Avec ces deux points et les deux pôles du monde, on a les quatre points cardinaux, l'est, l'ouest, le nord et le sud.

C'est aussi de ce cercle que l'on commence à compter sur le méridien les latitudes terrestres vers l'un et l'autre pôle, jusqu'à 90°; car il n'y a que 90° entre l'équateur et les pôles, où toutes les latitudes finissent et se confondent en un point. C'est sur ce même cercle encore que se comptent les longitudes terrestres jusqu'à 360°.

Pour mieux comprendre ce qui vient d'être dit, il faut savoir d'abord que la latitude est la distance à l'équateur du nord au sud, comptée sur le méridien : que la longitude est la distance mesurée de l'ouest à l'est, ainsi nommée *longitude,* parce que la longueur des pays connus était plus grande dans ce sens-là que du nord au sud, lorsque les premiers géographes établirent leurs mesures. Il faut ensuite concevoir un arc de grand cercle abaissé perpendiculairement d'un lieu donné sur l'équateur : le nombre des degrés compris dans cet arc de grand cercle exprime la latitude du lieu, et le nombre des degrés de l'équateur compris entre cet arc de grand cercle et le premier méridien, exprime la longitude du même lieu. Il en résulte que tous les lieux également éloignés de l'équateur ont une même latitude, et que ceux situés sous le même méridien ont une même longitude. On peut donc compter une infinité de latitudes et de longitudes sur le globe.

L'équateur et les pôles remarqués dans le ciel se remarquent également sur la terre; de même que l'équateur céleste détermine les saisons, l'équateur terrestre détermine la température et le degré de chaleur ou de froid dans les différentes contrées.

Ce cercle se divise de trois manières : en temps, c'est-à-dire en vingt-quatre parties égales qui indiquent les heures que le Soleil emploie à passer au méridien ; de 15 en 15°, qu'il parcourt dans l'espace d'une heure, et en 360°, qui forment la révolution entière. Ces trois divisions marquent également les ascensions droites du Soleil et des astres, ou les quantités dont les astres passent au méridien plus tôt les uns que les autres. On commence les divisions à l'intersection de l'équateur avec l'écliptique, qui se fait au commencement du signe du Bélier.

Enfin c'est de ce cercle que l'on compte les *climats* de demi-heure en demi-heure, tant vers le nord que vers le sud.

2° *L'écliptique*, εκλειψις, défaillance, εκλειπω, *deficio*. Ce cercle est ainsi nommé, parce que la lune est toujours dans l'écliptique, à très-peu près, lorsqu'il y a éclipse de lune ou de soleil. Ce grand cercle indique la route apparente et annuelle du Soleil; il coupe l'équateur en deux points, mais il s'en éloigne pour former deux angles obliques, chacun de 23° 28', qui marquent sa plus grande obliquité ou sa plus grande distance à l'équateur.

Ce cercle est divisé en 360°; il occupe le milieu d'une bande circulaire, large d'environ 17° 20', ou de 8° 30' de chaque côté; cette bande est appelée *zodiaque*, d'un mot grec qui signifie animal, parce que dans sa largeur sont marqués les douze signes, qui portent des noms et sont représentés sous la figure d'animaux.

On ne fait point mention du zodiaque dans l'astronomie; il ne sert qu'à indiquer l'espace dans lequel sont renfermées les planètes qui s'éloignent de l'écliptique tout au plus de 8 ou 9°. Aussi donne-t-on à cette bande une certaine étendue au nord et au sud de l'écliptique, afin qu'elle renferme les orbites des planètes, dont quelques-unes sont inclinées de plusieurs degrés sur l'écliptique, c'est-à-dire qu'elles le coupent en deux points diamétralement opposés, et qu'entre ces deux points, elles s'en écartent de quelques degrés vers le sud et vers le nord. Les points de section se nomment les *nœuds;* ils ne sont pas les mêmes pour toutes les planètes, et ils ne sont pas fixes, c'est-à-dire que l'orbite d'une planète ne coupe pas toujours l'écliptique aux mêmes points.

C'est de ce cercle qu'on compte les latitudes des astres vers les pôles jusqu'à 90°; c'est sur ce même cercle que l'on compte leurs longitudes de signes en signes, jusqu'à douze.

La latitude d'un astre est le nombre de degrés de l'arc de grand cercle abaissé du centre de cet astre perpendiculairement sur l'écliptique.

La longitude d'un astre est le nombre de degrés de l'écliptique compris entre le point du Bélier et l'arc du grand cercle abaissé perpendiculairement du centre de cet astre sur l'écliptique.

Ce même cercle est encore divisé en douze parties égales, de 30° chacune, que l'on appelle *signes*. Le Soleil parcourt chaque signe dans l'espace d'environ 30 jours. Voici leurs caractères et leurs noms :

♈	♉	♊	♋	♌	♍
Aries.	*Taurus.*	*Gemini.*	*Cancer.*	*Leo.*	*Virgo.*
♎	♏	♐	♑	♒	♓
Libra.	*Scorpius.*	*Arcitenens.*	*Caper.*	*Amphora.*	*Pisces.*

Bélier, Taureau, Gémeaux, Écrevisse, Lion,
Vierge ; voilà les six pour le septentrion.
Nous en comptons aussi six pour l'autre hémisphère :
Balance, Scorpion, Archer ou Sagittaire,
Capricorne, Verseau, Poissons.
Étant pris trois par trois nous marquent les saisons.

Les six premiers appartiennent à la moitié de l'écliptique qui est du côté du nord, et sont appelés *septentrionaux;* le Soleil les parcourt depuis le 21 mars jusqu'au 22 septembre.

Les six autres du côté du sud sont nommés *méridionaux;* le Soleil les parcourt depuis le 22 septembre jusqu'au 21 mars.

Chacun de ces signes est divisé en trente parties égales, qu'on appelle degrés. Le Soleil, par son mouvement, parcourt en un an, comme nous venons de le dire, ces douze signes, faisant par jour un peu moins d'un degré; et la Lune les parcourt en 27 jours et demi, décrivant chaque jour, par son mouvement, près de 13°.

Il en résulte que, dans notre hémisphère, les trois premiers signes nous donnent le printemps, les trois suivants l'été, les trois autres l'automne, et les trois derniers l'hiver. En effet, le Soleil entre dans le *Bélier* le 21 mars; dans le *Taureau*, le 20 avril; dans les *Gémeaux*, le 21 mai; dans le *Cancer*, le 21 juin; dans le *Lion*, le 22 juillet; dans la *Vierge*, le 23 août; dans la *Balance*, le 22 septembre; dans le *Scorpion*, le 23 octobre; dans le *Sagittaire*, le 22 novembre; dans le *Capricorne*, le 21 décembre; dans le *Verseau*, le 19 janvier; dans les *Poissons*, le 18 février. Tel est l'ordre observé sur les globes, pour indiquer la correspondance des jours avec les signes du zodiaque, et pour trouver le jour de l'année où le Soleil répond à chaque degré des douze signes.

Parmi ces douze signes on distingue quatre points principaux qui servent de commencement aux quatre saisons des Européens.

Les commencements du *Bélier* et de la *Balance* tombent sur l'équateur. Le 21 mars, le Soleil se trouve dans le signe du *Bélier*, et dans le signe de la *Balance* le 22 septembre. Le jour est alors égal à la nuit dans tous les pays du monde; le Soleil est à une distance égale d'un pôle à l'autre; il se lève exactement au vrai orient, et se couche au point précis de l'occident; c'est pour cela que l'on donne le nom d'*équinoxes* à ces deux jours remarquables.

Les deux points de l'écliptique situés entre les équinoxes, et dans lesquels se trouve le Soleil lorsqu'il est le plus éloigné de l'équateur, ont été nommés *solstices*, *Solis stationes*, parce que cet astre, arrivé à ce plus grand degré d'éloignement, semble être quelques jours à la même distance de l'équateur, et s'arrêter avant que de se rapprocher de ce cercle. Ces deux points sont les commencements du *Cancer* et du *Capricorne*. Le Soleil parvient au commencement du *Cancer* le 21 juin, c'est le solstice d'été; il entre dans le *Capricorne* le 21 décembre, c'est le solstice d'hiver : ces deux points solsticiaux sont éloignés de l'équateur de 23° 28'.

Enfin l'écliptique coupe la sphère en deux parties égales, mais obliquement par rapport à l'équateur. Cette obliquité, qui était, il y a deux mille ans, d'environ 24°, n'est plus aujourd'hui que de 23° 28', et diminue d'environ une minute tous les cent ans. C'est de ce cercle, qui forme les déclinaisons du Soleil, qu'on compte les latitudes des astres, comme il a été dit; et c'est sur ce même cercle qu'on en compte les longitudes, en commençant au premier degré du Bélier, et avançant vers le Taureau, les Gémeaux, etc.

En un mot, l'écliptique est aux latitudes et aux longitudes célestes ce que l'équateur est aux latitudes et aux longitudes terrestres.

3° L'*horizon* est un grand cercle, dont le nom, dérivé du grec, signifie *borneur*. On distingue deux sortes d'horizons : le *sensible* ou *visuel*, le *rationnel* ou *mathématique*.

L'horizon sensible ou visuel est un cercle qui borne et termine la partie du ciel que vous voyez lorsque vous êtes en pleine campagne ; ce cercle a pour centre l'œil de celui dont il est l'horizon.

L'horizon rationnel ou mathématique est un cercle qui coupe et partage le monde en deux parties égales ; ce cercle a pour centre le centre même de la Terre. L'un et l'autre horizons ont pour pôles le zénith et le nadir. On ne peut faire un pas sans changer d'horizon, et par conséquent de zénith et de nadir.

Ce cercle sert à faire connaître le lever et le coucher des astres : on dit qu'un astre se lève, quand il commence à paraître au-dessus de l'horizon, et qu'il se couche lorsqu'il descend au-dessous.

Il partage la sphère ou le globe en deux hémisphères, qu'on appelle l'un supérieur et visible, qui a le zénith pour pôle, et l'autre inférieur et invisible, dont le pôle est le nadir.

Sur la partie extérieure de ce cercle on marque les 32 rumbs de vent. Le nord et le sud sont aux intersections du méridien avec l'horizon; le nord à l'intersection la plus voisine du pôle arctique, et le sud à l'intersection opposée.

En outre, la circonférence de ce cercle est divisée en quatre quarts de 90°, qui commencent du point d'est et d'ouest, et se terminent de part et d'autre au méridien. Ces degrés servent à marquer les amplitudes ortives et occases des astres, lorsque, en se levant et se couchant, ils coupent l'horizon. La deuxième graduation indique les signes du zodiaque, selon qu'ils répondent au mois, et la troisième indique les mois.

4° Le *méridien* est un grand cercle, qui

passe par les pôles du monde, et par le zénith et le nadir. Il est ainsi nommé, du latin, *meridies*, milieu du jour, le point où est le Soleil quand, après être monté au plus haut de sa course, il commence à descendre : il est midi pour tous ceux qui sont dans la partie de ce cercle exposée au Soleil, minuit pour ceux qui sont dans la partie opposée du même cercle. On en peut imaginer autant qu'il y a de points dans l'équateur; on ne peut faire un pas d'orient en occident, ou d'occident en orient, sans changer de méridien; mais on peut aller d'un pôle à l'autre sans en changer.

Ce cercle divise le globe ou la sphère en deux hémisphères, l'un oriental, l'autre occidental; il coupe l'horizon au vrai nord et au vrai sud, en séparant également les côtés de l'orient et de l'occident; il est gradué, et ses degrés marquent la quantité dont le pôle est élevé sur l'horizon.

5° et 6° Les deux *colures* sont deux grands cercles qui se rencontrent et se coupent à angles droits aux pôles du monde. Leur nom vient d'un mot grec qui signifie *taillé,* coupé; soit à cause des entailles faites à ces deux cercles pour soutenir tous les autres, soit parce que les habitants de la sphère oblique, qui ont l'un des pôles élevé sur l'horizon, ne voient jamais ces cercles entiers dans la révolution de la sphère en vingt-quatre heures. L'un se nomme le colure des *équinoxes*, l'autre le colure des *solstices*.

Le colure des équinoxes est ainsi nommé parce qu'il coupe l'équateur et l'écliptique dans les premiers points du Bélier et de la Balance, où se font les équinoxes du printemps et de l'automne. Ce cercle sert à compter les ascensions droites par les angles qu'il fait avec tous les autres méridiens ou cercles de déclinaison. Tous les astres placés sur ce colure ont 0 ou 180° d'ascension droite, mais leurs longitudes varient.

Le colure des solstices passant, comme le colure des équinoxes, par les pôles du monde ou de l'équateur, est ainsi nommé parce qu'il coupe l'écliptique aux points du Cancer et du Capricorne, qui sont les points de la plus grande obliquité, et conséquemment les plus éloignés de l'équateur, lesquels donnent les solstices d'été et d'hiver, c'est-à-dire les plus longs et les plus courts jours. Ce cercle est un méridien auquel on a donné un nom particulier; il est aussi le plus remarquable de tous, parce qu'il sert à mesurer l'obliquité de l'écliptique, et qu'il est à la fois cercle de déclinaison et cercle de latitude. Tous les astres placés sur ce colure ont 90° ou 270° d'ascension droite et de longitude.

Ces deux cercles partagent l'écliptique en quatre parties, et distinguent les quatre saisons de l'année.

Comme nous l'avons déjà observé, ♈, ♉, ♊, sont pour le printemps; ♋, ♌, ♍, sont pour l'été; ♎, ♏, ♐, sont pour l'automne; ♑, ♒, ♓, sont pour l'hiver.

§ IV.

Les quatre petits cercles sont les tropiques et les cercles polaires. Chaque jour le Soleil, par son mouvement diurne, paraît décrire des parallèles à l'équateur. Quand il est parvenu à son plus grand éloignement, qui est de 23° 28′, il décrit un parallèle, le plus petit qu'il puisse décrire; c'est celui-là qu'on appelle *tropique,* d'un mot grec qui signifie *je retourne,* parce que, quand le Soleil y arrive, il semble retourner sur ses pas.

Il y a un tropique de chaque côté, parallèle à l'équateur; l'un se nomme tropique du *Cancer :* il est dans l'hémisphère septentrional, et touche l'écliptique au premier point de l'Écrevisse. Le Soleil paraît décrire ce cercle le 21 juin, et donne, dans notre hémisphère, le plus long jour de l'année et le premier jour d'été; c'est le solstice d'été.

L'autre, appelé tropique du *Capricorne,* est dans l'hémisphère méridional; il touche l'écliptique au premier point du Capricorne. Le Soleil paraît décrire ce cercle le 21 décembre, et donne dans notre hémisphère le plus court jour de l'année et le premier jour d'hiver; c'est le solstice d'hiver.

Les tropiques comprennent donc tout l'espace que le Soleil parcourt, et cet espace est de 45° 56′. Ils touchent l'écliptique et se confondent avec ce cercle dans les points solsticiaux. Ces deux cercles sont comme les deux barrières au delà desquelles le Soleil ne passe jamais.

§ V.

Les *cercles polaires* sont deux petits cercles distants chacun des pôles du monde de 23° 28′, autant que les tropiques le sont de l'équateur. L'un est nommé *arctique*, l'autre *antarctique;* le premier vers le nord, le second vers le sud. Les pôles de l'écliptique décrivent ces deux cercles dans l'espace de 25 748 ans.

Les deux tropiques et les deux cercles polaires ensemble divisent le ciel et la terre en cinq zones, Ζωνη, *cingulum*, ceinture ou bande circulaire; la torride entre les deux tropiques, les deux tempérées entre les tropiques et les cercles polaires, les deux froides entre les cercles polaires et les pôles. L'équateur occupe le milieu de la zone torride, et les pôles le milieu des zones glaciales. Virgile, *Géorg.*, I, v. 233; Ovide, *Métam.*, I, v. 45, nous donnent une belle description de ces zones.

La torride est à 23° 30′ de l'un et de l'autre côté de l'équateur, comprenant tous les pays situés entre les deux tropiques et dans lesquels on peut avoir le Soleil au zénith. Les deux tempérées sont à 43° de chaque tropique, l'une au nord du tropique du Cancer, l'autre au sud du tropique du Capricorne. Elles renferment les pays qui n'ont jamais le Soleil à leur zénith, et qui ne le perdent jamais de vue en hiver. Les deux zones froides commencent au delà de 66° 3′ de latitude, et s'étendent jusqu'aux pôles. On les distingue en zone glaciale arctique, qui est habitée, puisque la Laponie et la Sibérie en font partie; le reste n'est qu'une vaste mer de glace, qui se prolonge jusqu'aux pôles. La zone glaciale antarctique est encore inconnue.

§ VI.

Au pôle arctique et sur le méridien est placé un cercle nommé petit *cercle horaire*, et divisé en 24 heures. Il a son centre au pôle de la sphère; l'extrémité de l'axe est par conséquent au centre de ce cercle. Cette extrémité porte une aiguille qui tourne à mesure que l'on fait tourner la sphère ou le globe sans que le cadran change de place, puisqu'il est fixé. Ce cercle sert à résoudre différents problèmes d'une manière commode et sans aucun calcul. La raison en est simple, et porte sur la division du jour en 24 heures. Comme le mouvement diurne se fait uniformément chaque jour autour de l'axe et des pôles du monde, il est évident que l'aiguille, qui suit le même mouvement, parcourt, à chaque révolution, les 24 heures du cadran, et qu'elle marque 6 heures quand la sphère a fait le quart de son tour, et ainsi des autres heures à proportion. La sphère étant donc placée dans la position qui convient à l'astre, au lieu et au jour donnés, et ayant le même mouvement que le ciel, l'aiguille suit le mouvement de la sphère ou du globe, et marque les heures du lever et du coucher du Soleil.

On a imaginé des demi-cercles qui vont du zénith au nadir. Ces demi-cercles sont nommés *verticaux;* ils servent à mesurer la hauteur d'un astre et à rapporter cet astre au point de l'horizon auquel il répond, parce que la hauteur d'un astre au-dessus de l'horizon n'est autre chose que l'arc du vertical compris entre l'astre et l'horizon.

Les verticaux sont des cercles semblables aux méridiens, avec cette différence que les méridiens s'entrecoupent tous aux pôles, et que les verticaux s'entrecoupent toujours au zénith et au nadir, qui sont les pôles de l'horizon.

On peut imaginer autant de verticaux qu'il y a de points à l'horizon. On nomme premier vertical celui qui coupe l'horizon au vrai orient, ou *est,* et au vrai occident, ou *ouest.*

Lorsque le vertical passe par un astre, le point de l'horizon où ce vertical aboutit sert à déterminer l'azimut de l'astre et son amplitude.

On ajoute ordinairement aux globes célestes de 12 et de 18 pouces de diamètre, un quart de cercle en cuivre, de même rayon que le globe, et qui s'applique immédiatement sur sa circonférence, depuis le zénith jusqu'à l'horizon. Il s'adapte au méridien du même métal, à l'aide d'une chape qui le laisse glisser à volonté. Ce *vertical* est gradué depuis 0°, qui est dans l'horizon, jusqu'à 90°, point du zénith. Les 18° qui descendent sous l'horizon indiquent le commencement et la fin du crépuscule. On s'en sert aussi pour marquer l'azimut.

L'azimut est l'arc de l'horizon compris entre le point nord ou le point sud, et le point de l'horizon où aboutit le vertical qui passe par l'astre. Ainsi tous les astres qui ont le même vertical, ou qui sont dans le même aplomb, ont le même azimut.

L'azimut, compté depuis le point d'*est* ou d'*ouest*, s'appelle l'amplitude de l'astre. On l'appelle *amplitude ortive*, si on la compte depuis le point *est*, et *amplitude occase*, si on la compte depuis le point *ouest*.

L'amplitude ortive est donc l'arc de l'horizon compris entre le vrai point d'orient et le point où l'astre se lève. Cette amplitude se trouve de même que l'azimut, puisqu'elle est la différence de l'azimut à 90°; et l'amplitude occase est la distance du point d'ouest à celui où l'astre se couche.

On peut encore concevoir des petits cercles parallèles à l'horizon dans l'hémisphère supérieur et inférieur, dont le diamètre diminue à mesure qu'ils s'approchent davantage du zénith et du nadir. Ces cercles sont nommés *almicantarats*, c'est-à-dire, en arabe, cercles de hauteur, parce que, en traversant les azimuts, ils déterminent sur eux les hauteurs des astres, comme aussi leurs distances au zénith, et tous ceux qui peuvent avoir une égale hauteur sur l'horizon, de manière que l'on peut dire synonymement que deux astres sont sur le même almicantarat, ou qu'ils ont une même hauteur. Le pôle de la sphère étant élevé au zénith, les tropiques et les cercles polaires représentent quatre de ces almicantarats, deux au-dessus et deux au-dessous de l'horizon.

Avant d'exposer les usages de la sphère

et des globes, il est bon de rendre compte de quelques changements qui ont été faits, soit pour faciliter ces usages, soit pour en donner de nouveaux.

1° Dans la sphère on a retranché de la largeur du zodiaque, parce que, masquant les degrés de l'équateur, elle empêchait de saisir les ascensions droites. On n'a donné à cette bande que 10° au lieu de 17° 20', parce que cette largeur suffit pour y marquer l'orbite de la lune. L'orbite de la Lune est un cercle incliné à l'écliptique de 5° 9', comme l'écliptique est incliné à l'équateur de 23° 28'. Cette inclinaison de 5° 9' marque la plus grande latitude de la lune. Cette orbite coupe l'écliptique en deux points opposés qu'on appelle *nœuds*, l'un nœud ascendant qui se marque ainsi ☊, et l'autre nœud descendant, ainsi marqué ☊ : ces nœuds ont un mouvement contre l'ordre des signes, c'est-à-dire du Bélier aux Poissons, des Poissons au Verseau, du Verseau au Capricorne, etc., lequel mouvement s'achève en 18 ans et 7 mois environ.

Sans cette inclinaison de l'orbite de la

Lune à l'écliptique, il y aurait tous les mois une éclipse de soleil quand la lune est nouvelle, et une éclipse de lune lorsqu'elle est pleine. Mais comme l'orbite lunaire est inclinée à l'écliptique de 5° 9′ il ne peut y avoir éclipse que lorsque la latitude de la Lune est plus petite que la somme des demi-diamètres apparents de ces deux astres; d'où l'on peut conclure que les éclipses de soleil sont bien plus fréquentes sur le globe de la terre que celles de la lune: que si cependant on en voit moins de soleil que de lune dans un lieu donné, c'est parce que les éclipses de soleil ne sont visibles que dans certaines parties du globe relativement à la combinaison de la latitude de la Lune avec sa parallaxe, et qu'au contraire les éclipses de lune n'étant occasionnées que par son passage dans l'ombre de la Terre, une telle éclipse est visible dans tous les lieux sur l'horizon desquels la Lune se trouve élevée.

2° On ajoute un cercle crépusculaire, qui a 18° de largeur; ce cercle sert d'horizon pour le commencement et la fin du crépuscule tant du matin que du soir. Le crépuscule est cette lumière douce et tranquille qu'on voit s'augmenter insensiblement le matin avant le lever du soleil, et diminuer le soir dès que le soleil est couché; elle est produite par la dispersion des rayons dans la masse de l'air qui les réfléchit de toute part; le terme du crépuscule est lorsque le soleil est à 18° au-dessus de l'horizon.

CHAPITRE IV.

USAGES DE LA SPHÈRE ET DU GLOBE CÉLESTE.

USAGE I.

DES DIFFÉRENTES POSITIONS DE LA SPHÈRE ET DU GLOBE CÉLESTE.

De la Sphère de Ptolémée.

On distingue trois positions différentes de la sphère : elle est *droite, parallèle, obli-*

que, suivant les différents rapports de l'équateur avec l'horizon.

Si vous faites rouler le méridien de manière que les pôles rasent l'horizon, vous aurez la *sphère droite*, parce que l'équateur perpendiculaire à l'horizon le coupe à angle droit, et que le zénith est dans l'équateur céleste. Tous les parallèles à l'équateur, que les astres paraissent décrire chaque jour, étant coupés par l'horizon en deux parties égales, il est évident que les jours sont égaux entre eux, et égaux aux nuits pendant toute l'année, et en quelque endroit que soit le Soleil par rapport à l'équateur céleste.

Dans cette position, les peuples ont perpétuellement douze heures de jour et douze heures de nuit. Comme le Soleil passe deux fois l'année par le zénith, savoir le 21 mars et le 22 septembre, jours auxquels il décrit l'équateur, on peut conclure que ces peuples ont, en quelque sorte, deux étés et deux printemps; car il ne faut point parler d'hiver dans des pays où le Soleil lance des rayons presque toujours perpendiculaires.

En faisant glisser le méridien dans les

entailles de l'horizon, jusqu'à ce qu'un des pôles soit au zénith, vous aurez la *sphère parallèle,* parce que l'équateur se trouve parallèle à l'horizon, et sert lui-même d'horizon. Dans cette position, le zénith et le nadir répondent aux pôles du monde, lesquels sont éclairés par le Soleil alternativement pendant six mois. On peut dire que l'année est composée d'un jour et d'une nuit, l'un et l'autre de six mois à peu près. Quand le Soleil est dans les signes septentrionaux, le pôle boréal est éclairé sans interruption; tous les parallèles jusqu'au tropique du Cancer sont au-dessus de l'horizon; ainsi chaque jour le Soleil fait le tour du ciel sans changer de hauteur, sans s'approcher ni s'éloigner de l'horizon, du moins sensiblement : c'est un jour de six mois.

Après l'équinoxe d'automne, le Soleil passe dans les signes méridionaux, il ne reparaît plus sur l'horizon; les parallèles qu'il décrit sont en entier dans l'hémisphère inférieur et invisible : c'est une nuit de six mois.

Dans l'hémisphère supérieur et visible,

les étoiles toujours à la même hauteur au-dessus de l'horizon ne se couchent jamais, celles qui sont dans l'hémisphère inférieur ne paraissent jamais; les premières tournent sans cesse au-dessus, les secondes au-dessous de l'horizon.

Toute autre disposition de la sphère est appelée *sphère oblique*, parce que l'axe du monde coupe le plan de l'horizon obliquement.

Les jours sont inégaux aux nuits, parce que les parallèles que décrit le Soleil sont tous coupés par l'horizon en parties inégales, excepté l'équateur, suivant la propriété des grands cercles de la sphère, qui passent tous par le centre et y sont coupés en tous sens en deux parties égales. Un des pôles est élevé sur l'horizon et visible, l'autre est abaissé sous l'horizon et invisible; comme dans la sphère droite, le jour est égal à la nuit le 21 mars et le 22 septembre, jours des équinoxes, le Soleil décrivant alors l'équateur qui passe par le zénith. Mais les tropiques et les autres parallèles étant coupés inégalement par l'horizon, les arcs diurnes de ces parallèles, qui ont pour centre l'axe du monde, sont d'autant plus grands que les arcs inférieurs ou nocturnes, qu'ils approchent davantage du pôle élevé. Par cette raison, dans les pays septentrionaux, tels que l'Europe, les jours sont le plus longs, tant que le Soleil est dans les signes septentrionaux; le contraire a lieu pour les pays méridionaux.

Ainsi l'arc diurne du tropique du Cancer étant le plus grand de tous les arcs diurnes du Soleil pour les pays septentrionaux, puisque de tous les parallèles il est le plus avancé vers le nord, le jour le plus long de l'année est celui où le Soleil décrit ce tropique, c'est-à-dire le jour du solstice d'été; la nuit la plus longue est celle du solstice d'hiver.

Vous remarquerez que les jours également éloignés du même solstice sont égaux : le 21 mai et le 22 juillet, le Soleil se couche également à 7 heures 43 minutes à Paris, parce que la déclinaison du Soleil étant d'environ 20° dans l'un comme dans l'autre, c'est-à-dire cet astre étant éloigné de

20° de l'équateur, il décrit le même parallèle, soit le 21 mai, en s'éloignant de l'équateur pour monter vers le tropique, soit le 22 juillet, en se rapprochant de l'équateur après le solstice d'été.

Mais quand, au lieu d'avoir 20° de déclinaison boréale, c'est-à-dire d'être éloigné de 20° de l'équateur, cet astre a 20° de déclinaison australe, ce qui arrive le 22 novembre et le 20 janvier, ou à peu près, la longueur du jour est de la quantité qu'était la longueur de la nuit dans le premier cas, et la durée de la nuit est égale à la durée que le jour avait lorsque le Soleil décrivait le parallèle semblable, au nord de l'équateur. La raison en est simple, puisqu'à 20° de part et d'autre de l'équateur les parallèles sont égaux et également coupés par l'horizon, mais dans un ordre renversé.

Il en est de même de tous les autres jours du printemps et de l'automne, qu'on peut comparer à des jours correspondants de l'été et de l'hiver : vous trouverez la même égalité quand il y aura égale distance du

Soleil à l'équateur; la seule différence est celle qui provient de la *réfraction*, c'est-à-dire de la déviation des rayons du Soleil en traversant obliquement notre atmosphère.

Enfin dans la sphère oblique il y a des étoiles qui se couchent, d'autres qui sont perpétuellement sur l'horizon, et d'autres enfin qui ne paraissent jamais.

USAGE II.

Disposer la sphère ou le globe suivant la hauteur du pôle d'un lieu proposé, par exemple, de Paris, qui est à 48° 50′ 14″, *ou en nombre rond,* 49°.

Élevez le méridien jusqu'à ce que, sur le méridien même, vous puissiez compter 49° depuis le pôle arctique jusqu'à l'horizon du côté du nord; le pôle sera alors à la hauteur de 49° selon la latitude de Paris; l'axe de la sphère coïncidera avec l'axe du monde, et l'élévation de l'équateur, qui est toujours le complément de celle du pôle, sera de 41°.

Observez que l'on a besoin de ce procédé pour tous les différents usages.

USAGE III.

Disposer la sphère ou le globe suivant les quatre parties du monde, c'est-à-dire suivant les quatre points cardinaux.

Posez la sphère ou le globe sur un plan bien horizontal, et faites coïncider le méridien avec une ligne de midi tracée sur ce plan. Si vous n'en avez point, recourez à la boussole, ayant égard à la déclinaison de l'aiguille que l'on a coutume de marquer ; observez aussi qu'il faut que le pôle arctique soit du côté du nord.

Les globes de 12 et de 18 pouces de diamètre ont sur le pied, ou plus commodément sur le plan de l'horizon, du côté où est marqué *nord*, une boussole qui sert à les orienter; mais à cet effet il faut connaître la déclinaison de l'aiguille aimantée pour le temps et pour le lieu donnés.

Cette déclinaison est pour Paris de 21° 40′. Connaissant donc la déclinaison de l'aiguille à l'occident de la méridienne, il faut tourner le pied du globe jusqu'à ce que l'aiguille tombe sur ce degré de la boussole vers l'occident; alors la ligne principale de la boussole marquée d'une étoile, et qui doit être parallèle au méridien du globe, se trouvant dirigée exactement du nord au sud, et le globe étant supposé à la hauteur du pôle, il sera orienté comme la sphère céleste, et c'est ainsi qu'il faudrait le placer pour trouver l'heure qu'il est.

La sphère disposée comme dans l'usage précédent, si vous la faites tourner d'orient en occident, vous montrera le mouvement du ciel; l'axe de la sphère coïncide avec l'axe du monde, le méridien répond au méridien du ciel, et les quatre points cardinaux marqués sur l'horizon répondent aux quatre points cardinaux célestes; vous apercevrez l'obliquité du mouvement par rapport à l'horizon du lieu où vous êtes.

Appliquez ces deux usages à un globe terrestre exposé au soleil, après avoir mis au zénith la ville pour laquelle il a été placé à la hauteur du pôle; toutes les parties du globe qui seront éclairées représen-

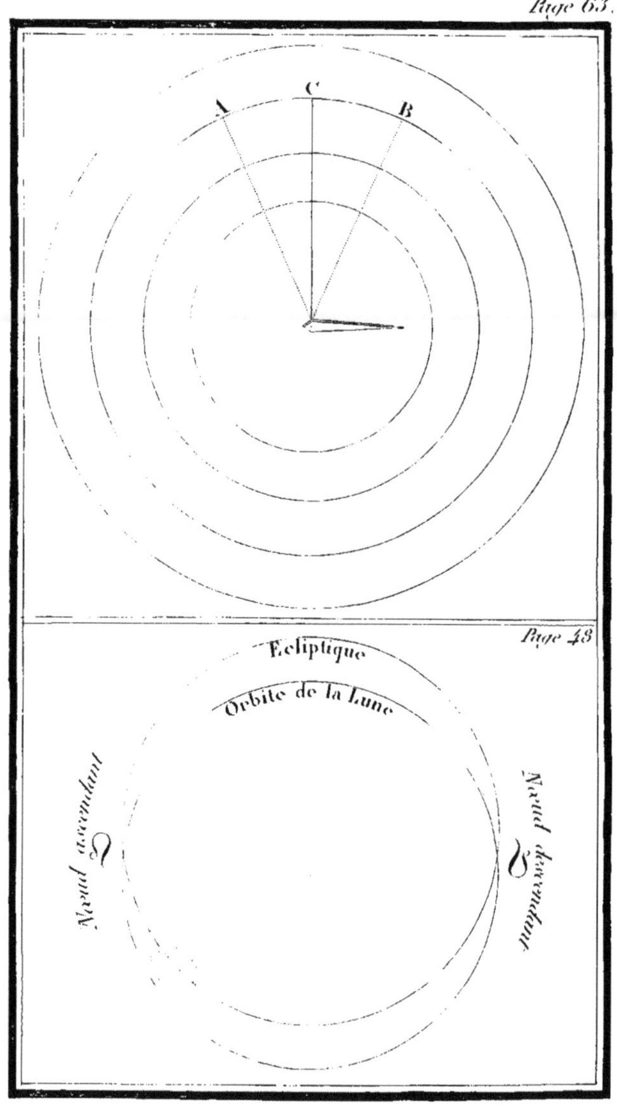

Page 63.
A
C
B
Page 48
Ecliptique
Orbite de la Lune
Nœud ascendant
Nœud descendant

teront celles de la Terre qui sont éclairées; vous verrez les pays où le Soleil se lève, ceux où il se couche, ceux où il est midi, en un mot toutes les variations.

Cet usage est un des plus beaux et des plus agréables de la sphère ; mais comme on n'a pas toujours une ligne méridienne tracée, et que la boussole est fautive, voici la méthode d'en tracer une sur un plan horizontal.

Décrivez sur ce plan horizontal plusieurs cercles concentriques, ou ayant le même centre; placez au centre de tous ces cercles un style bien perpendiculaire sur ce plan : un jour de beau soleil, observez, avant midi, le moment où l'extrémité de l'ombre du style tombera sur l'un de vos cercles, comme en A; remarquez, après midi, le moment où la même extrémité de l'ombre du style tombera sur le même cercle, comme en B; divisez l'espace AB en deux également au point C; tirez une ligne droite par ce point C et par le pied du style, cette ligne sera une méridienne.

Vous pouvez aussi vous procurer une ligne méridienne par les étoiles, en prenant connaissance d'une constellation nommée la *grande Ourse*. Suspendez à une fenêtre exposée au nord deux fils distants l'un de l'autre et chacun chargé d'un plomb ; saisissez le moment où l'étoile ε de la queue de cette constellation et l'étoile Polaire, qui n'est éloignée du pôle que d'environ 2°, se trouvent l'une et l'autre cachées par ces fils ; en ce moment elles seront, à peu de chose près, dans le plan du méridien, et, par conséquent, les deux points de l'horizon que les deux plombs des fils toucheront, sont tels, que si vous les joignez par une ligne, cette ligne sera la méridienne.

USAGE IV.

Trouver le lieu du Soleil dans l'écliptique en un jour proposé, comme le 1er mai.

1° Élevez le lieu à sa latitude, qui est de 49° pour Paris.

2° Cherchez sur l'horizon le degré de l'écliptique répondant au jour proposé ; ces degrés sont marqués un à un, vis-à-vis des jours correspondants, d'après l'entrée du

Soleil à chaque signe. Vous trouverez que c'est le 11e degré du Taureau, qui répond au 1er mai: et ainsi des autres.

USAGE V.

Connaissant la latitude d'un pays et le lieu du Soleil à chaque jour de l'année, trouver l'heure du lever et du coucher.

Supposons Paris le lieu donné, dont la latitude est de 49°, et que vous vouliez savoir à quelle heure le soleil se lève et se couche le 20 avril. Vous savez que c'est le premier degré du Taureau qui répond au 20 avril; placez dans le méridien ce degré de l'écliptique; mettez l'aiguille horaire sur midi, parce que l'on doit toujours compter midi à Paris lorsque le degré de l'écliptique où se trouve le Soleil, c'est-à-dire le Soleil lui-même, est dans le méridien; tournez la sphère ou le globe du côté de l'orient, jusqu'à ce que le degré du jour donné soit dans l'horizon; alors le style horaire marquera 5 heures, lever du soleil; ensuite tournant la sphère vers l'occident, jusqu'à ce que le même degré de l'écliptique arrive dans l'horizon, vous verrez que le style marque 7 heures : d'où vous conclurez que le soleil, ce jour-là, doit se coucher à 7 heures. Vous remarquerez que la durée du jour est de 14 heures; car le style parcourt un espace de 14 heures tandis que le premier degré du Taureau, point de l'écliptique, va de la partie orientale à la partie occidentale de l'horizon. Vous trouverez de même que le Soleil étant au premier degré des Gémeaux, qui correspond au 21 mai, il se lève à 4^h 16^m, et se couche à 7^h 44^m.

USAGE VI.

Étant connue l'heure du lever ou du coucher du soleil dans un lieu, à un jour donné, trouver la hauteur du pôle ou la latitude de ce lieu.

Supposons que, le 11 novembre, on ait observé, sur mer ou sur terre, que le Soleil s'est levé à 7 heures. Cherchez sur l'horizon, au cercle des signes, le degré qui répond à ce quantième du mois, vous trouverez que c'est le 19e degré du Scorpion; placez ce point de l'écliptique sous le méridien, et le style horaire sur 12 heures; ensuite tournez la sphère ou le globe vers l'orient, jusqu'à ce que le style horaire soit sur 7 heures; haussez le pôle, sans déranger le style, jusqu'à ce que le point de l'écliptique soit dans l'horizon; comptez sur le méridien les degrés compris entre le pôle et l'horizon, vous aurez 39° 30', qui donnent la latitude cherchée.

Pour une opération inverse, sachant à quelle heure le soleil se couche dans un pays, à un certain jour de l'année, vous aurez la latitude de ce pays. C'est ainsi que l'on juge que l'ancienne Babylonie était à 36° de latitude, parce que Ptolémée dit que le soleil s'y couchait à 4^{h} 48^{m} vers le temps du solstice d'hiver, cet astre ayant 9 signes de longitude.

USAGE VII.

Trouver l'amplitude ortive et occase du Soleil.

L'amplitude étant l'arc de l'horizon compris entre le vrai orient, ou le vrai occident, et le point où l'astre se lève ou se couche, amenez à l'horizon le point où se trouve le Soleil; le nombre de degrés de l'horizon, compris entre l'orient ou l'occident des équinoxes et le degré du Soleil, vous donnera son amplitude, qui est ortive si vous la prenez vers l'orient, et occase vers l'occident. Ainsi le Soleil étant au 20ᵉ degré des Gémeaux, qui répond au 10 juin, son amplitude est de 36° 36′ septentrionale, parce que ce signe est septentrional.

USAGE VIII.

Trouver la longueur du jour et de la nuit.

La sphère ou le globe étant toujours à la latitude du lieu, cherchez le degré du Soleil dans l'écliptique, amenez-le à l'horizon vers l'orient, placez le style horaire sur 12 heures, tournez la sphère jusqu'à ce que le degré du Soleil soit dans l'horizon vers l'occident; alors le style horaire vous montrera, par le nombre des heures qu'il aura parcourues, de combien est la longueur du jour. Otez de 24 heures cette longueur du jour, le reste sera la durée de la nuit. Le Soleil étant, le 3 mai, au 13e degré du Taureau, vous trouverez que la longueur de ce jour est de $14^h\ 30^m$, et par conséquent celle de la nuit de $9^h\ 30^m$.

USAGE IX.

Trouver la plus grande et la plus petite hauteur méridienne du soleil à **Paris**.

La hauteur du pôle étant de 48° 50', le complément est de 41° 10'; ajoutez 23° 28', plus grande déclinaison du Soleil quand il est au solstice d'été, vous aurez 64° 38' pour la plus grande hauteur méridienne que cet astre puisse avoir à Paris. Mais retranchant 23° 28', plus grande déclinaison.

du même complément 41° 10', vous aurez 17° 42' pour la plus petite hauteur méridienne, lorsque l'astre est au solstice d'hiver.

USAGE X.

Trouver l'ascension droite du Soleil et sa déclinaison en un jour proposé.

Après avoir cherché le lieu du Soleil dans l'écliptique pour le jour proposé, conduisez sous le méridien le point de l'écliptique où se rencontre le soleil; examinez le point de l'équateur, qui est en même temps dans le méridien : le chiffre marqué vers ce point de l'équateur indique l'ascension droite, ou la distance du Soleil à l'équinoxe, comptée sur l'équateur d'occident en orient. Ainsi, le 20 avril étant au premier degré du Taureau, c'est-à-dire sa longitude étant de 30 degrés [1], vous verrez que son ascension droite est de 28° 51'.

[1] On appelle *longitude* la distance du soleil ou d'un astre au point équinoxial, comptée le long de l'écliptique. Quand

Vous trouverez de même, par le moyen du globe, la déclinaison du Soleil ou d'un autre astre, en conduisant sous le méridien l'astre dont il s'agit. Le nombre de degrés compris entre cet astre et l'équateur, compté sur le méridien, vous marquera la déclinaison de cet astre; elle sera boréale, si l'astre est au-dessus de l'équateur dans les régions septentrionales; australe, s'il est moins élevé que l'équateur, ou du côté du pôle méridional. Ainsi, voulant connaître la déclinaison du Soleil au 20 avril, vous trouverez qu'à pareil jour le Soleil est au premier degré du Taureau; placez ce degré sous le méridien, comptez sur le méridien ceux qui se trouvent entre l'équateur et le premier degré du Taureau, vous aurez 11° 30′ de déclinaison septentrionale. Il résulte que l'ascension droite du Soleil est sa distance à l'équinoxe comptée sur l'équa-

le Soleil a parcouru 30° de l'écliptique par son mouvement annuel, en partant de l'équinoxe, on dit qu'il a 30° ou un signe de longitude, et ainsi de suite jusqu'aux douze signes. Les 30 premiers degrés sont compris sous le nom de Bélier; les 30 qui suivent forment le Taureau, etc.

teur d'occident en orient; que la déclinaison est sa distance à l'équateur comptée sur le méridien.

USAGE XI.

Trouver l'ascension oblique du Soleil.

L'ascension oblique étant la distance du point équinoxial au point de l'équateur, qui se lève en même temps que l'astre, pour trouver l'ascension oblique du Soleil, il suffit de mettre le degré où il se rencontre dans l'horizon vers l'orient, et le degré de l'équateur qui sera dans l'horizon en même temps donnera l'ascension oblique. En supposant le Soleil au 11e degré du Taureau, vous trouverez que l'ascension, dans le parallèle de Paris, est de 22° 20', c'est-à-dire que ce point de l'équateur se lève avec le Soleil quand il est au 11e degré du Taureau, qui répond au 1er mai.

USAGE XII.

Étant donnée la déclinaison du Soleil, trouver son lieu dans l'écliptique.

Souvenez-vous que l'écliptique est divisé en quatre quarts qui renferment chacun trois signes pour chaque saison. Sur ces quatre quarts prenez celui qui convient à la saison où vous êtes. Par exemple, si vous avez observé, le 16 avril, la hauteur du Soleil de 51°, c'est-à-dire de 10° au-dessus de l'équateur, ce qui fait 10° de déclinaison, vous verrez qu'en faisant avancer le premier quart de l'écliptique ou celui du printemps sous le méridien, le point qui s'y trouve à 10° de l'équateur est le 26e du Bélier; c'est le lieu du Soleil pour ce jour-là. La déclinaison du Soleil étant de 15° en été, son lieu se trouve au 20e degré du Lion, qui répond au 11 août. Ainsi, par la seule déclinaison vous trouverez le lieu du soleil, le mois et le jour qui lui répondent, pourvu que vous sachiez dans quelle saison, parce que, au printemps et en été, il y a deux jours où cet astre a la même déclinaison.

USAGE XIII.

Trouver à une heure quelconque l'ascension droite du méridien ou du milieu du ciel.

Placez le pôle dans l'horizon, cherchez, pour le jour donné, le lieu du Soleil dans l'écliptique, amenez ce point de l'écliptique sous le méridien, et le style horaire sur 12 heures; tournez le globe jusqu'à ce que le style arrive sur l'heure donnée. Dans cette position, le point de l'écliptique situé sous le méridien est le point culminant de l'écliptique; celui de l'équateur, également dans le méridien, marque l'ascension droite du milieu du ciel, et celle de toutes les étoiles que vous voyez sur le globe le long du méridien, au même instant.

Ainsi le Soleil étant au premier degré des Gémeaux à 7 heures du soir, l'ascension du méridien, ou du milieu du ciel, sera de 195°.

Cet usage peut servir à reconnaître les étoiles dans le ciel, lorsque, ayant tracé une méridienne, vous vous tournerez vers le midi, et que vous aurez reconnu sur le globe quelles sont les constellations situées dans le méridien, à quelles hauteurs elles sont au-dessus de l'horizon.

USAGE XIV.

Trouver quels sont les points de l'horizon où le Soleil se lève et se couche chaque jour.

Après avoir remarqué sur l'écliptique la longitude du Soleil pour chaque jour donné, et élevé la sphère ou le globe à la hauteur du pôle du lieu, conduisez le point de l'écliptique à l'horizon, et examinez combien ce point de l'horizon, auquel répond le soleil, s'éloigne du point de l'*orient* ou de l'*occident;* vous trouverez que le Soleil, au 21 juin, étant au premier degré du Cancer, les points où il se lève et se couche sont à

38° des points cardinaux de l'*est* et de l'*ouest*, mais du côté du nord; que ce même astre étant, au 21 décembre, au premier degré du Capricorne, ceux où il se lève et se couche sont à 36° 30′ des mêmes points cardinaux, mais du côté du sud. Ainsi, depuis le couchant d'été jusqu'au couchant d'hiver, il y a 74° 30′ de distance. Cette quantité augmente à mesure que vous avancez vers le nord, mais elle diminue vers le midi; sous l'équateur, vous ne trouvez plus que 47° de différence entre les points où le Soleil se lève dans les deux solstices.

USAGE XV.

Trouver quels sont les deux jours de l'année où le Soleil se lève à une heure marquée, et se lève et se couche à une même heure.

1° Placez le pôle à la hauteur du lieu, à 49° pour Paris; conduisez sous le méridien le colure des solstices, et le style horaire sur 12 heures; tournez ensuite le globe vers l'orient, jusqu'à ce que le style soit sur 5 heures; remarquez le point où le colure coupe l'horizon; si le Soleil était dans ce point-là, ou à une semblable déclinaison, évidemment il se lèverait à 5 heures. Mais il s'agit de savoir quels sont les deux jours de l'année où il a cette même déclinaison : conduisez donc sous le méridien le point du colure qui se trouvait dans l'horizon, alors vous verrez sur le méridien que cette déclinaison est de 13° septentrionale : remarquez encore ce point du méridien; faites tourner la sphère ou le globe, vous apercevrez deux points de l'écliptique passant à ce même point du méridien, c'est-à-dire à 13° de déclinaison; ce sont les deux points cherchés, l'un le 2e degré du Taureau, l'autre le 28e degré du Lion; les jours correspondants sont le 21 avril et le 21 août.

2° Il y a dans l'année deux jours où le Soleil se lève et se couche à une même heure, excepté lorsqu'il est dans les tropiques. Pour trouver ces deux jours, où l'on suppose que cet astre se lève à 7 heures du matin, mettez le colure des solstices sous le méridien, et le style horaire sur 12 heures;

tournez le globe jusqu'à ce que le style soit sur 7 heures du matin : la sphère, ou le globe ainsi posé, vous remarquerez au même colure le point qui coupe l'horizon du côté de l'orient, et vous transporterez ce point sous le méridien ; vous verrez que la déclinaison de ce point est environ de 13° méridionale; vous chercherez quels sont les degrés de l'écliptique qui ont 13° de déclinaison méridionale, vous trouverez que c'est environ le 5e degré du Scorpion et le 25e degré du Verseau, lesquels répondent au 28 octobre et au 14 février.

USAGE XVI.

Trouver le temps du lever et du coucher du Soleil pour tous les jours de l'année.

Cherchez le lieu du Soleil dans l'écliptique, amenez ce point au méridien, et placez le style à midi; ensuite tournez la sphère jusqu'à ce que le point de l'écliptique vienne à l'horizon vers l'*est* : le style vous marquera l'heure du lever; ensuite, tournez jusqu'à ce que ce même point arrive à l'horizon vers l'*ouest*, le style vous donnera l'heure du coucher.

USAGE XVII.

Trouver à quelle heure le Soleil doit avoir un certain degré d'azimut, à un jour nommé.

Le pôle étant à la hauteur du lieu, et le style horaire sur 12 heures, placez le vertical sur le degré de l'horizon qui marque l'azimut, amenez ensuite le lieu du Soleil trouvé dans l'écliptique sous ce vertical, le style vous marquera l'heure quand le Soleil a un certain degré d'azimut. Par exemple, le 23 avril, le lieu du Soleil se trouvant à 3° du Taureau, vous verrez que, quand cet astre aura 75° d'azimut, il sera 8 heures du matin. Mais, vers le couchant, à 6^h 36^m du soir, il sera dans la partie occidentale du même vertical, à 75° du méridien du côté du nord, et alors il y aura 105° d'azimut, à compter du point de l'horizon qui est vers le midi.

Autre exemple.

Supposons qu'à 9 heures du matin le Soleil soit au premier degré du Cancer; placez ce degré sous le méridien, le style horaire sur 12 heures, ensuite tournez le globe vers l'orient, jusqu'à ce que le style marque 9 heures. Le globe restant dans cette position, conduisez le vertical jusqu'à ce qu'il rencontre l'écliptique au premier degré du Cancer, lieu du Soleil, et comptez sur l'horizon les degrés compris entre l'orient et l'équinoxe, et le quart de hauteur ou l'azimutal, vous trouverez 19° 11' pour l'amplitude ortive, ou 70° 49' pour l'azimut.

Remarquez que, dans les opérations que l'on fait avec le vertical ou l'azimutal, on le suppose toujours fixé au zénith du lieu, c'est-à-dire, à l'égard du parallèle de Paris, à 49° de latitude.

USAGE XVIII.

Trouver la hauteur du Soleil pour un jour et une heure donnés.

Supposons le Soleil au premier degré de la Vierge à 2 heures après midi; placez ce degré sous le méridien, le style horaire sur 12 heures; tournez le globe vers l'occident jusqu'à ce que le style soit sur 2 heures, amenez ensuite le vertical précisément sur le premier degré du signe, examinez quel est le degré du vertical qui se joint au lieu du Soleil, vous trouverez que cet astre est élevé de 44° sur l'horizon à deux heures après midi.

USAGE XIX.

Trouver l'heure du commencement, de la fin du crépuscule, et le temps de sa durée, à Paris.

Supposons le Soleil au premier degré du Bélier ou de la Balance: le pôle étant élevé à la hauteur, conduisez le premier degré de la Balance sous le méridien et le style sur midi; tournez le globe et le vertical qui doit être fixé au zénith, l'un et l'autre ensemble vers l'orient, jusqu'à ce que le premier degré de la Balance et le 18e degré de hauteur du vertical coïncident ensemble. Dans cette position, le style marquera 4 heures 8 minutes pour le point du jour; ces 4 heures 8 minutes étant soustraites de 6 heures, point du lever du Soleil, le reste est 1 heure 52 minutes pour la durée du crépuscule, tant du matin que du soir; si à l'heure du coucher, qui est aussi à 6 heures au temps des équinoxes, vous ajoutez 1 heure 52 minutes, durée du crépuscule, vous aurez 7 heures 52 minutes pour la fin du crépuscule du soir.

Toute cette opération porte sur ce que les crépuscules commencent et finissent lorsque le Soleil est abaissé de 18° au-dessous de l'horizon, et ces 18° se prennent sur l'arc du vertical passant par le nadir. Le commencement du crépuscule du matin se nomme *point du jour, aurore,* et la fin de celui du soir est le commencement de la nuit close.

USAGE XX.

Trouver l'heure du lever et du coucher des signes.

Voulant savoir à quelle heure se lève le signe ♏ Scorpion, quand le Soleil est au premier degré du Bélier ♈ ; le pôle étant à la hauteur du lieu, placez ce degré sous le méridien et le style horaire sur 12 heures ou midi; ensuite tournez le globe d'occident en orient, jusqu'à ce que le premier degré du Scorpion soit dans l'horizon oriental; alors le style montrera l'heure du lever de ce signe à 8 heures 51 minutes du soir. Si vous conduisez ce même degré dans l'horizon occidental, le même style vous indiquera l'heure de son coucher.

Pour cet usage, comme pour les autres semblables, vous obtiendrez une exactitude plus grande que celle que donne le style horaire, en opérant sur un globe de 9 ou de 12 pouces de diamètre. Amenez le premier degré du Scorpion dans l'horizon oriental, vous verrez que son ascension oblique est de 222° 45′, marquée sur l'équateur; réduisez ces degrés en temps, en raison de 15° par heure et de 1° pour 4 minutes d'heure, de manière que 15° valent une heure, 30° deux heures, et 10° quarante minutes d'heure. Or, le Soleil, entrant dans le Bélier, se lève à 6 heures, le commencement du Scorpion se lève 14^h 51^m avant le Soleil; donc ce signe se lève à 8^h 51^m du soir.

Cette pratique est fondée sur ce que les arcs de l'équateur sont la mesure la plus naturelle du temps. Quand le Soleil est éloigné du méridien de 15°, il est une heure; quand il l'est de 50°, il est 3^h 20^m, parce que le mouvement diurne se faisant uniformément sur l'équateur, la 24e partie de la circonférence entière de ce cercle passe régulièrement au méridien à chaque heure.

USAGE XXI.

Trouver le temps que les signes mettent à monter au-dessus et à descendre au-dessous de l'horizon.

Placez le commencement du signe dans l'horizon vers l'orient et le style sur 12 heures; tournez ensuite la sphère ou le globe jusqu'à ce que le signe entier soit levé, ou que la fin du même signe soit dans l'horizon, le style horaire marquera le temps que le signe a mis à se lever. Opérant ainsi vers l'occident, vous aurez le temps du coucher.

USAGE XXII.

Trouver à quelle heure une étoile se lève et se couche avec le Soleil.

Mettez le lieu du Soleil sous le méridien et le style horaire sur 12 heures; tournez le globe jusqu'à ce que l'étoile proposée soit dans l'horizon, du côté de l'orient pour le lever, et de même dans l'horizon du côté de l'occident pour le coucher; l'heure que vous marquera le style sera l'heure que vous cherchez. Vous saurez aisément combien de temps cette étoile demeurera dessus ou dessous l'horizon; et en observant le jour du mois qui répond aux deux différents degrés de l'écliptique, qui sont dans l'horizon, ce jour sera celui du lever et du coucher de l'étoile avec le Soleil.

Remarquez que la disposition des trois grands cercles, l'équateur, l'horizon et le méridien, forme la base de toutes les opérations; c'est à eux que les astronomes rapportent les astres pour en déterminer la situation et les mouvements qui se font dans l'écliptique, considéré comme la trace du mouvement annuel du Soleil.

USAGE XXIII.

Trouver la longitude et la latitude d'une étoile proposée.

Placez le pôle de l'écliptique dans le méridien; fixez le cercle mobile, ou vertical, à l'endroit du méridien où répond le pôle de l'écliptique ; il représente alors un cercle de latitude, parce qu'il est perpendiculaire à l'écliptique. Faites tourner ce cercle autour du pôle jusqu'à ce qu'il passe sur l'étoile, vous verrez le lieu où ce même cercle coupe l'écliptique; ce sera la longitude ou le lieu de l'étoile sur l'écliptique. Comptez aussi le nombre des degrés de ce cercle mobile compris entre l'écliptique et l'étoile, ce sera la latitude. Prenons pour exemple *Sirius*, ou le grand Chien; mais comme cette étoile est au midi de l'écliptique, il faut placer le pôle antarctique de l'écliptique sous le méridien et le vertical sur ce pôle; ensuite faites passer ce cercle sur *Sirius;* vous remarquerez le point où il coupe; l'écliptique vous trouverez que c'est au 10e degré du Cancer, et regardant quel est le degré du vertical sous lequel se rencontre cette même étoile, vous verrez qu'elle est à 39° 30′ de latitude australe.

Si l'étoile est au nord de l'écliptique, il faut mettre le vertical à son pôle septentrional. La raison de cette opération est que le vertical fait les fonctions de cercle de longitude, et les degrés qui le divisent représentent les intersections des cercles de latitude.

Vous voyez par cet usage qu'il est facile de placer une planète sur le globe, en cherchant dans les éphémérides sa longitude et sa latitude. Faites tourner le vertical autour du pôle de l'écliptique jusqu'à ce qu'il touche le point de l'écliptique où vous savez que la planète doit être par sa longitude; marquez le long de ce cercle de latitude un point qui soit éloigné de l'écliptique autant que la planète a de latitude : ce point est le vrai lieu de la planète sur le globe.

USAGE XXIV.

Trouver l'ascension droite et la déclinaison d'une étoile.

Élevez le pôle à la hauteur du lieu ; tournez le globe jusqu'à ce que l'étoile proposée soit sous le méridien, le nombre des degrés du méridien depuis l'équateur jusqu'à cette étoile sera sa déclinaison, et le degré de l'équateur qui sera sous le méridien marquera son ascension droite. Vous trouverez que Régulus a 13° 8' de déclinaison et 149° 1' d'ascension droite.

USAGE XXV.

Étant bien connue l'ascension droite d'une étoile, ou sa distance à l'équateur, trouver celles de toutes les autres.

Observez combien les autres étoiles passent au méridien plus tard que la première; les intervalles de temps, convertis en degrés à raison de 15° par heure, vous donneront les différences d'ascension droite, qui, étant ajoutées à celle de la première étoile que vous connaissez, donneront les ascensions droites de toutes les autres.

USAGE XXVI.

Trouver l'heure de la culmination ou du passage d'une étoile au méridien.

Marquez le lieu du Soleil dans l'écliptique et celui de l'étoile ; placez le soleil dans le méridien, mettez le style horaire sur 12 heures, amenez le lieu de l'étoile sous le méridien, et le style vous indiquera l'heure qu'il est au moment où l'étoile passe par le méridien.

Si, au lieu d'une étoile, vous amenez sous le méridien le point équinoxial, vous aurez ce que les astronomes appellent l'heure du passage de l'équinoxe par le méridien, dont on trouve des tables.

Sans recourir au style horaire, un globe même de 9 pouces de diamètre peut vous donner une grande précision, puisque, à quatre minutes près, vous avez l'heure du passage au méridien, ainsi que le lever d'une étoile. Pour le trouver, remarquez le point de l'équateur où répond le soleil placé dans le méridien, et ensuite le point de l'équateur où répond l'étoile placée à son tour dans le méridien; comptez l'intervalle de ces deux points de l'équateur, c'est-à-dire la différence d'ascension droite entre le soleil et l'étoile, vous aurez un nombre de degrés qui, convertis en temps, à raison de 4^{m} de temps pour chaque degré, ou d'une heure pour 15°, vous donnera l'heure qu'il est si c'est après midi, ou bien vous aurez ce qu'il s'en faut pour aller jusqu'à midi si l'étoile passe le matin, c'est-à-dire si vous voyez que le soleil passe au méridien après l'étoile en faisant tourner le globe toujours d'orient en occident.

USAGE XXVII.

Connaissant le passage d'une étoile au méridien, trouver son lieu dans le ciel ou sur le globe.

Prenons pour exemple *Sirius*, ou le grand Chien, étoile de première grandeur. La table indique que cette étoile passe au méridien le 1er octobre, à 18^{h} 2^{m}, c'est-à-dire le 2 octobre, et que sa hauteur méridienne pour Paris est de 24° 45′; placez le quart de cercle dans le plan du méridien à 6 heures 2 minutes du matin, et mettez-le à la hauteur de 24° 45′; vous apercevez à l'instant que le quart de cercle est dirigé vers une belle étoile, et vous reconnaissez *Sirius*.

Remarquez que la table marque 18 heures 2 minutes, parce que le jour astronomique commence à midi et finit le lendemain à midi; le jour civil, au contraire, commence à minuit.

USAGE XXVIII.

Trouver quel jour une étoile se lève à une certaine heure.

Le pôle étant placé à la hauteur du lieu et l'étoile dans l'horizon oriental, mettez le style horaire sur l'heure donnée vers l'orient, si c'est une des heures du matin; faisant ensuite tourner le globe jusqu'à ce que le style arrive sur 12 heures ou midi au haut du cercle, vous verrez quel est le lieu de l'écliptique situé dans le méridien; vous saurez que le Soleil est dans ce point de l'écliptique; ce jour est celui où l'étoile doit se lever à l'heure donnée. Supposez que *Sirius* se lève à 7 heures du soir à Paris, vous trouverez le Soleil au 11e degré du Capricorne, qui répond au 1er janvier : c'est le jour où *Sirius* se lève à 7 heures du soir à Paris.

USAGE XXIX.

Connaissant le lieu du Soleil pour un jour donné, trouver quelle heure il est quand cet astre se lève.

Après avoir placé le style sur midi, quand le lieu du Soleil était au méridien, conduisez le soleil à l'horizon vers l'orient; le style vous marquera l'heure qu'il est.

USAGE XXX.

Trouver à quelle heure les étoiles circompolaires, dans leur révolution diurne, se trouvent l'une au-dessous de l'autre.

Comme ces étoiles, dans leur révolution diurne, se rencontrent souvent dans le même vertical, en observant leur passage, vous avez une manière de trouver l'heure qu'il est.

Pour trouver l'heure de ce passage, placez le globe à la hauteur du pôle, le style horaire sur 12 heures ou midi, et le lieu du Soleil dans le méridien; faites tourner le globe jusqu'à ce que les deux étoiles proposées soient dans le vertical mobile : le style horaire vous indiquera l'heure cherchée.

Vous aurez une opération plus exacte si, en plaçant le lieu du Soleil dans le méridien, vous examinez sur l'équateur quelle est son ascension droite; amenez les deux étoiles dans le même vertical, et remarquez l'ascension droite du milieu du ciel, ou du point de l'équateur qui se trouvera dans le méridien; la différence de ces deux ascensions droites, convertie en temps, vous donnera l'heure cherchée.

USAGE XXXI.

Trouver quel jour une étoile cessera de paraître le soir, après le coucher du Soleil; c'est le jour de son coucher héliaque.

Il résulte des observations que *Sirius* ou le grand Chien peut être aperçu du côté du couchant, pourvu que le Soleil soit à 10° au-dessous de l'horizon. Élevez donc le pôle à la hauteur du lieu, conduisez cette étoile à l'horizon du côté de l'occident, avancez le quart de ce cercle mobile jusqu'à ce qu'il coupe l'écliptique à 10° au-dessous de l'horizon; le point de l'écliptique abaissé de 10°, ou celui qui touche le 10e degré du vertical, vous donnera le lieu du Soleil. Vous trouverez que c'est le 19e degré du Taureau, qui répond au neuvième jour de mai. Vous saurez donc que, ce jour-là, arrive le coucher héliaque de *Sirius* ou sa disparition ; le lendemain, le Soleil étant plus près de cette étoile, il sera enveloppé dans la lumière du crépuscule et dans les rayons du soleil : vous cesserez de l'apercevoir.

Vous trouverez de même le jour où cette étoile doit reparaître le matin avant le lever du Soleil, ou son lever héliaque, en plaçant cette étoile dans l'horizon du côté de l'orient et en observant quel est le point de l'écliptique qui est situé à 10° au-dessous de l'horizon le long du vertical ; le jour où le Soleil se rencontrera dans ce point de l'écliptique sera le jour du lever héliaque de l'étoile.

USAGE XXXII.

Connaître la disposition du ciel à quelque heure donnée.

Le pôle étant à la hauteur du lieu, placez sous le méridien le degré de l'écliptique où est le Soleil et le style horaire sur 12 heures ; tournez le globe jusqu'à ce que le style soit sur l'heure donnée; alors le globe sera selon l'état du ciel; vous verrez quelles étoiles sont dans l'horizon, quelles sont celles qui sont au méridien dans les parties orientales et occidentales; vous verrez par le moyen du vertical la hauteur des plus considérables; vous verrez aussi lesquelles sont au-dessus ou au-dessous de notre hémisphère.

USAGE XXXIII.

Disposer le globe comme est le ciel en un jour et une heure donnés.

Le globe étant disposé comme pour l'usage précédent, si vous l'exposez à l'air sur un plan bien horizontal, de manière que son orient réponde parfaitement à l'orient, son midi au midi, etc., vous verrez les constellations du globe répondre aussi aux constellations du ciel, ce qui facilite beaucoup la connaissance des étoiles. En faisant tourner le globe, vous verrez quelles sont les étoiles qui passent par le zénith du lieu donné; vous reconnaîtrez que ce sont celles dont la dé-

clinaison est égale à la latitude géographique du pays où l'on est. En effet, si une étoile a 49° de déclinaison, le zénith de Paris étant aussi à 49° de l'équateur, l'étoile doit se trouver au zénith dans le moment où elle passe au méridien.

Vous verrez quelles sont les étoiles qui ne se couchent point à Paris : ce sont celles qui sont moins éloignées du pôle que le pôle ne l'est de l'horizon, c'est-à-dire, à Paris, celles qui ne sont pas à 49° du pôle, ou qui ont plus de 41° de déclinaison, telles que les deux Ourses, le Dragon, Céphée, Andromède, Persée, la Chèvre, et autres.

Le globe vous montrera les étoiles qui sont vers le midi à plus de 41° de déclinaison australe, ou à moins de 49° du pôle antarctique ou méridional ; vous verrez qu'elles ne se lèvent jamais pour nous.

USAGE XXXIV.

Trouver par le moyen du globe l'heure qu'il est au soleil.

Vous le pouvez, 1° si, ayant dirigé un

quart de cercle vers cet astre, vous en avez mesuré la hauteur. Cette hauteur étant connue, le pôle à la hauteur requise et le style horaire sur midi, élevez sur le globe, à pareille hauteur au-dessus de l'horizon, le point de l'écliptique où est le Soleil ce jour-là : le style vous donnera l'heure.

2° Le globe étant orienté de manière que son méridien soit aligné sur une méridienne, et en plein soleil, une moitié du globe sera éclairée, et l'autre moitié sera dans l'ombre. Si les points de l'équateur où se joignent l'hémisphère obscur et l'hémisphère éclairé tombent dans l'horizon même, c'est une preuve qu'il est midi; s'ils en sont à 15° le long de l'équateur, c'est une preuve qu'il est une heure; à 30°, il est deux heures, et ainsi de suite; mais c'est lorsque le Soleil est à l'occident, c'est-à-dire que la partie éclairée s'éloigne du point de l'équateur qui est à l'orient, car si le Soleil est à l'orient, alors c'est onze heures du matin, dix heures, etc.

USAGE XXXV.

Trouver le temps du lever de la Lune, pour tous les jours de l'année.

Cherchez d'abord dans les Éphémérides, ou dans le livre de la *Connaissance des Temps*, le lieu de la Lune pour le jour proposé; opérez pour la Lune comme vous avez fait pour le Soleil; le style horaire vous indiquera son lever.

USAGE XXXVI.

Trouver de combien la Lune se lève ou se couche avant ou après le Soleil.

Cherchez le lieu de la Lune, ensuite faites venir la Lune et le Soleil successivement à l'horizon, vers l'orient et vers l'occident; la différence indiquée par le style ou l'aiguille sera ce que vous cherchez.

USAGE XXXVII.

Démontrer pourquoi la Lune ne peut jamais être vue au pôle nord, pendant environ cinq mois de l'été, comme pleine lune, ni comme nouvelle lune pendant environ cinq mois de l'hiver.

Placez le pôle du globe ou de la sphère au zénith, et tournez jusqu'à ce que la Lune soit en opposition pendant que le Soleil est au-dessus de l'horizon, ce qui est pour l'été; vous verrez que la pleine lune ne peut point paraître sur l'horizon pendant tout le temps que la déclinaison du Soleil est plus grande que 5° et quelques minutes, c'est-à-dire depuis le 1er avril jusqu'au 8 ou 9 septembre, la latitude de la Lune n'excédant pas cette quantité. Continuant de faire tourner la sphère jusqu'à ce que le Soleil arrive au-dessous de l'horizon, aussitôt que les deux astres viennent en conjonction, vous verrez que la Lune ne peut point être vue sur cet horizon, quand elle est nouvelle, pendant tout le temps que la déclinaison méridionale du Soleil est plus grande que 5°, c'est-à-dire depuis le 5 octobre jusqu'au 5 ou 6 mars.

USAGE XXXVIII.

Démontrer la cause d'une éclipse de Soleil (¹) *et de Lune* (²).

Vous savez que la Lune, regardée comme satellite de notre planète, est un corps opa-

(¹) Les éclipses de Soleil sont produites par l'interposition de la Lune, qui, dans ses conjonctions, passe quelquefois directement entre nous et le Soleil ; elle nous le cache alors en tout ou en partie. Les éclipses *totales* sont celles où le Soleil paraît entièrement couvert par la Lune, le diamètre apparent de la Lune étant plus grand que celui du Soleil. Les éclipses *annulaires* sont celles où la Lune paraît tout entière sur le Soleil ; alors le diamètre du Soleil paraissant le plus grand, excède de tous côtés celui de la Lune, et forme autour d'elle un anneau ou une couronne lumineuse. Telle fut l'éclipse du 1er avril 1764, que l'on vit annulaire à Cadix, à Rennes, à Calais et à Pello en Laponie. Les éclipses *centrales* sont celles où la Lune n'a aucune latitude au moment de la conjonction apparente ; son centre paraît alors sur le centre même du Soleil, et l'éclipse est totale ou annulaire, en même temps qu'elle est centrale.

(²) L'éclipse de Lune est l'obscurité produite sur le disque

que qui ne reçoit sa lumière que du Soleil : son orbite étant inclinée sur celle de la Terre de 5o°, son axe doit former, avec celui de la Terre, un angle de 28° 28′; sa révolution, par son mouvement propre, se fait en 27 jours et environ 8 heures, selon l'ordre des signes du zodiaque, en parcourant 13° 10 à 11′ par jour d'occident en orient. Comme la Lune fait douze fois le tour du zodiaque pendant que la Terre le parcourt une fois en un an, il faut qu'elle se trouve une fois par mois du côté du Soleil dans le même signe, et que la Terre se trouve aussi une fois entre elle et le Soleil dans un signe opposé. Dans le premier cas, on la dit en *conjonction* avec le Soleil, et capable de cacher le Soleil, ou de porter ombre sur la Terre, ce qui s'appelle *éclipse de Soleil.* Il peut arri-

de la Lune par l'ombre de la Terre. L'éclipse *totale* est celle où la Lune entière est obscurcie ; l'éclipse *partielle* est celle où une partie du disque de la Lune conserve sa lumière : l'éclipse *centrale* est celle qui a lieu quand l'opposition arrive dans le point même du nœud ; la Lune traverse alors par le centre même le cône d'ombre. Il y a des années où il n'arrive aucune éclipse de Lune, comme en 1787, mais communément il en arrive plusieurs chaque année.

ver, dans le second cas, qui s'appelle *opposition,* que la Terre prive la Lune de la lumière du Soleil, c'est alors une *éclipse de Lune.*

Pour rendre cette explication plus sensible, voyez les deux figures, page 22.

Le Soleil étant beaucoup plus grand que la Terre, ses rayons extrêmes A E G, B F G, qui touchent la Terre aux points E F, se terminent en un point G, qui est celui où l'ombre de la Terre finit, de sorte que l'ombre de la Terre Q est de la forme d'un cône ou pain de sucre, qu'on nomme, par cette raison, le cône de l'ombre terrestre (*fig.* 2).

Il en est de même à l'égard de la Lune, dont l'ombre se termine aussi en pointe environ au point T, vers la superficie de la Terre. Ainsi, au temps de la nouvelle lune, lorsque le centre de la Lune et celui du Soleil sont dans une même ligne droite, ou à peu près, avec l'œil du spectateur T, le corps du Soleil est caché par celui de la Lune; alors il y a éclipse de Soleil, ou pour mieux dire, éclipse de Terre, puisque le Soleil ne

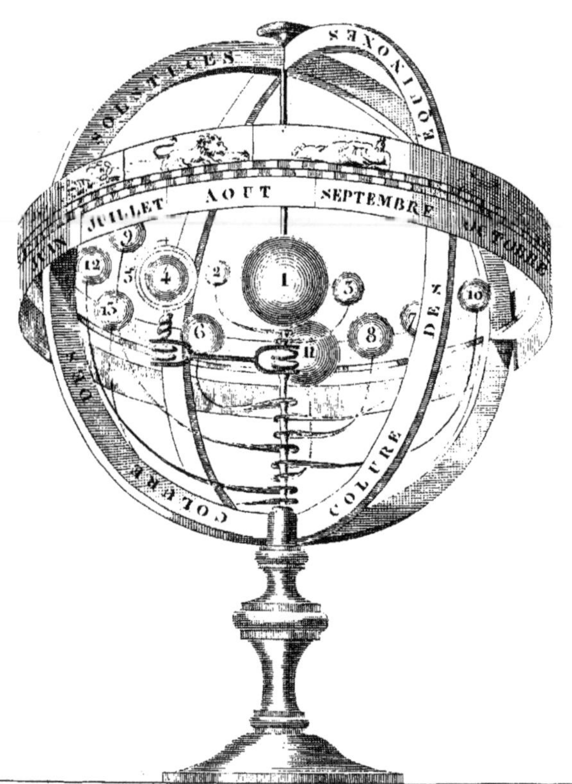

SPHÈRE DE COPERNIC

Montée à quarts de cercles en cuivre avec les N.lles Planètes

1. LE SOLEIL

		Lieues			Lieues
2	Mercure, *distance au Soleil*	*13000000*	8	Vesta, *Distance au Soleil*	*92000000*
3	Vénus	*25000000*	9	Cerès	*96000000*
4	la Terre	*35000000*	10	Pallas	*96500000*
5	la Lune	*de la Terre à 86000*	11	Jupiter	*182000000*
6	Mars	*53000000*	12	Saturne	*329000000*
7	Junon	*81000000*	13	Herschel	*662000000*

perd point sa lumière, et que c'est la Terre qui est obscurcie. Mais, au temps de la pleine lune, si son corps se trouve dans la partie H de son orbite, qui traverse le cône de l'ombre terrestre EGF, alors la Lune, étant plongée dans l'ombre de la Terre, et ne pouvant recevoir la lumière du Soleil, souffre une éclipse.

Description de la Sphère suivant le système de Copernic.

Le Soleil semble, il est vrai, faire sa révolution journalière autour de la Terre; mais c'est une illusion causée par le mouvement journalier de la Terre sur ses pôles d'occident en orient, et semblable à celle d'un homme qui, né sur mer, et n'étant jamais sorti du vaisseau, assurerait que les rivages, les arbres et les vaisseaux arrêtés à l'ancre, sont mobiles, et circulent autour de lui, parce que son vaisseau ferait une révolution sur lui-même.

Il a donc fallu chercher à détromper nos sens, et construire des instruments propres à nous faire apercevoir la vérité. De ce nombre est la sphère suivant le système de Copernic. Elle est composée de deux grands cercles immobiles, qui indiquent le lieu des étoiles fixes, et s'entrecoupent à angles droits au zénith et au nadir. L'un des cercles, nommé *colure des équinoxes*, coupe l'écliptique aux premiers degrés du Bélier et de la Balance; l'autre, appelé *colure des solstices*, le coupe aux premiers degrés du Cancer et du Capricorne; ils partagent les quatre saisons de l'année. Les points de leur intersection sont les pôles de l'écliptique, le supérieur ou *boréal*, l'inférieur ou *austral*, éloignés des pôles arctique et antarctique, qui sont ceux de l'équateur, chacun de 23° 28′. L'écliptique occupe le milieu du zodiaque, qui renferme les douze signes, divisés de 30 en 30°. Les mois y sont indiqués avec des degrés qui correspondent aux degrés de chaque signe. L'axe de l'écliptique se prolonge d'un pôle à l'autre pour recevoir les orbes des planètes. Une boule dorée, placée au centre, représente le Soleil; les orbes des planètes tournent autour de cet astre, qui les éclaire, selon leurs périodes, marquées à des distances du Soleil qui sont entre elles comme les nombres 4, 7, 10, 15, 23, 26, 27, 27, 52, 95 et 192. Ces nombres, les plus simples et les plus faciles à retenir, sont tels, que chaque unité vaut un peu plus que trois millions de lieues, de 25 au degré, ou de 2 263 toises chacune.

La Terre, représentée par un petit globe, est inclinée de manière que son axe est toujours parallèle à lui-même, et que ses pôles sont toujours tournés vers les pôles du monde. Ce parallélisme est maintenu par la position fixe de l'axe sur une poulie qui, par un fil sans fin, correspond à une autre poulie placée au centre du soleil. Par ce moyen la terre tourne autour du soleil sans que son axe cesse d'être incliné et dirigé vers la même région du ciel. Cet axe tient à un cercle qui représente le méridien, au zénith duquel est attachée une petite lame de cuivre pour indiquer l'orbe de la lune qui environne la terre, et que celle-ci entraîne avec elle, ainsi que Jupiter et Saturne sont entourés, l'une par les quatre, l'autre par les cinq orbes de leurs satellites. Mais ces orbes ne pouvant entrer dans cet assemblage, vous pouvez les voir dans la figure qui représente ce système.

Telle est la construction ordinaire de la sphère de Copernic. Dans une pareille machine, quelque grande qu'elle soit, il est impossible d'observer aucune proportion, tant pour les grosseurs des planètes que pour leurs distances entre elles. On sait que le diamètre du Soleil est à celui de la Terre comme 111 $^1/_2$ est à 1, et que cet astre est 1 million et $^1/_5$ de fois plus gros qu'elle. Le Soleil n'étant pas au centre du mouvement de la Terre, si, entre sa plus grande et sa plus petite distance, nous en prenons une moyenne, nous la trouverons à peu près de 12 000 diamètres de la Terre; or, supposons une terre d'un pouce de diamètre, il faudra un soleil de 111 pouces $^1/_2$ ou de 9 pieds 3 pouces $^1/_2$ de diamètre : la moyenne distance indiquée étant de 12 000 pouces, exigera une étendue de plus de 133 toises.

Concluons donc que l'utilité de cette machine, construite en petit, consiste à nous donner l'idée des situations respectives des planètes, de la durée de leurs révolutions; mais il faut que l'imagination, aidée du secours astronomique, supplée, corrige, en quelque sorte, une imperfection irremédiable.

Dans ce système, le Soleil est au centre du monde, d'où il répand sa lumière et sa chaleur sur toutes les planètes, qui, comme la Terre, devenue planète, tournent autour de lui par des mouvements particuliers. Il en résulte, pour les usages des globes, une différence qui tient à la différence des deux systèmes. Le mouvement de rotation de la Terre sur ses deux pôles, d'occident en orient, en 24 heures, nous fait croire que le Soleil va d'orient en occident; par cette raison, remarquez, 1° que, pour l'usage du globe céleste selon Copernic, les heures marquées sur le cercle horaire se comptent d'*orient* vers l'*occident*; 2° que, pour l'usage du globe terrestre, elles se comptent d'*occident* vers l'*orient*, parce que, dans ce système, c'est à la Terre que le mouvement est attribué.

C'est vous en dire assez, pour ne pas vous fatiguer par des redites qui seraient inutiles. Comme le globe terrestre placé dans la sphère de Copernic est trop petit pour servir à résoudre des problèmes d'astronomie et de géographie, je me propose à l'aide de la *machine géocyclique* de vous rendre sensible, par le mouvement diurne de la Terre, le mouvement apparent des corps célestes, et, par son mouvement annuel, le changement des saisons et l'apparence du mouvement annuel du Soleil.

Mon but n'est point de vous donner une connaissance approfondie de l'astronomie; cet avantage est réservé aux excellents ouvrages de feu Lalande, à l'*Uranographie* de M. Francœur, etc. Il doit me suffire de vous avoir indiqué les problèmes essentiels, dont la solution vous facilitera celle de beaucoup d'autres. Vous pourrez apprécier une science, qui, par l'application que vous ferez de ses principes sur votre sphère, vous procurera un amusement utile, et qui seule est capable, en vous mettant sous les yeux la grandeur et l'harmonie de cet univers, de vous pénétrer d'admiration pour la suprême intelligence et la sagesse infinie de son auteur.

« Les problèmes que l'on peut résoudre « par le moyen d'une sphère ou d'un globe, « a dit ce même astronome, ne sont pas de « simples exercices d'amusement : il fau- « drait à la vérité, pour y trouver quelque « exactitude, avoir un globe très-grand, « tourné avec soin; mais en étudiant pour « la première fois les principes de l'astro- « nomie, il est très-utile de s'exercer sur « le globe ou sur la sphère armillaire, pour « en bien comprendre les mouvements et « pouvoir les rapporter sans peine aux ob- « jets célestes. » (Lalande, *Abrégé d'Astronomie,* art. 170.)

CHAPITRE V.

DES CONSTELLATIONS.

La mesure du temps la plus simple était d'abord celle que présentait la Lune. Mais les douze révolutions de la Lune, tour à tour écartée et rapprochée du Soleil, passant et repassant successivement, de mois en mois, sous certaines étoiles, n'étant pas contenues précisément un certain nombre de fois dans la révolution que fait le Soleil en passant à peu près sous les mêmes étoiles, ne pouvaient déterminer le mouvement et la fin de l'année.

L'auteur du *Spectacle de la Nature* (t. IV, pag. 193 et suivantes) rapporte la méthode ingénieuse dont les premiers observateurs, les Chaldéens, se servirent pour connaître exactement la ligne que le Soleil décrit dans ses déplacements perpétuels, et pour partager l'année par portions égales. Après s'être assurés de la route annuelle du Soleil, ils remarquèrent exactement toutes les étoiles sous lesquelles l'astre passe, et qui se trouvent sur sa route, depuis qu'il est parti d'une première étoile, choisie à volonté, jusqu'à ce qu'il revienne sous cette même étoile; par là ils parvinrent à fixer les bornes certaines de cette route. Connaissant bien aussi l'égalité des espaces qu'occupent les douze amas d'étoiles, ou constellations, qui bordent cette route, connue sous le nom d'*écliptique*, ils les nommèrent *les maisons du Soleil*, et en assignèrent trois à chaque saison. Mais ensuite ils donnèrent à chacune d'elles des noms propres à caractériser ce qui est particulier à chaque partie de l'année, ou à ce qui se passait sur la terre au moment où l'astre était sous telles ou telles étoiles. Elles conservent encore ces noms, et sont toutes renfermées dans un espace appelé *zodiaque*.

Les besoins du commerce et de la navigation firent découvrir aux Phéniciens la grande et la petite Ourse. Ces premiers navigateurs remarquèrent spécialement la dernière étoile située à l'extrémité de la queue de la petite Ourse, parce que, très-peu éloignée du pôle, elle est toujours vue vers le même point du ciel, et par cette raison nommée *étoile Polaire*. C'est à la découverte de cette étoile que la navigation doit ses progrès et ses richesses.

Les figures symboliques d'hommes, de femmes, d'animaux, qui étaient un commencement d'écriture, furent dans la suite converties en autant de puissances célestes, terrestres, infernales; en un mot, la fable y plaça ses rêveries : des propriétés, des influences, des rapports prétendus firent naître des constellations auxquelles pour la plupart des ressemblances vagues donnèrent des noms. Enfin les astronomes modernes, avec plus de raison, pour honorer quelques hommes célèbres, quelques instruments utiles, ont augmenté le nombre des constellations, d'où résulte la différence entre les constellations des anciens et les constellations des modernes.

Le catalogue d'Hipparque, astronome de

Nicée, que Ptolémée nous a transmis, contient 1 022 étoiles distribuées par les Grecs en 50 constellations, dont 12 dans le zodiaque, 23 au nord et 15 au midi.

Les astronomes modernes ont augmenté le nombre des boréales, ou du nord, de 13; celui des australes, ou du midi, de 31; en sorte que le nombre des constellations se réduirait à 94, si les astronomes de ce siècle par leurs travaux immenses ne cherchaient pour ainsi dire à enrichir le ciel. Le grand et le petit télescope d'Herschel ont été placés par l'astronome Lalande dans l'atlas de Flamsteed; dans le grand atlas que M. Bode publie à Berlin, en 20 feuilles, et qui surpasse de beaucoup tout ce qui jusqu'à présent a été fait en ce genre, paraissent trois nouvelles constellations, *le Quart de cercle mural*, en mémoire de l'instrument qui a servi à déterminer les cinquante mille étoiles de Lalande, *la Presse d'imprimerie* et *le Globe aérostatique*, pour consacrer la mémoire des deux plus grandes découvertes de l'Allemagne et de la France.

Parmi le plus grand nombre d'étoiles

qui composent ces constellations, on distingue plusieurs grandeurs, 1re, 2e, 3e, 4e, 5e, 6e, 7e; les étoiles de 7e grandeur ne peuvent être vues sans le secours de la lunette.

On compte ordinairement quinze étoiles de la première grandeur : *Sirius*, ou la gueule du grand Chien; l'*épaule d'Orion;* le pied d'Orion, ou *Rigel;* l'œil du Taureau, ou *Aldébaran; la Chèvre, la Lyre, Arcturus*, le cœur du Scorpion, ou *Antarès; l'Epi de la Vierge;* le cœur du Lion, ou *Régulus; Procyon, Fomalhaut*, et deux invisibles pour nous, *Canopus* et *Acharnar*.

Pour apprendre à connaître les différentes constellations par leurs figures, leur situation et leurs noms, le moyen le plus simple est de recourir à un globe, ou à des cartes célestes comme celles de Flamsteed, d'Hévélius, ou au planisphère de Robert de Vaugondy, corrigé et augmenté d'un grand nombre d'étoiles et de nébuleuses, observées par les astronomes Lalande, La Caille, Messier, Méchain, etc., et dont je donne une explication et les usages.

DÉNOMBREMENT

DES CONSTELLATIONS REPRÉSENTÉES SUR LES GLOBES CÉLESTES.

---

§ Ier.

Les douze Constellations du Zodiaque (avec leurs principales étoiles).

1. ♈ *Aries*, ou le Bélier, contient 42 étoiles, dont une de la 2e grandeur, désignée par la lettre grecque α dans la corne occidentale; la claire *a* du front, nommée *lucido Arietis*, a 28° 50′ d'ascension droite et 22° 28′ de déclinaison boréale. Ce bélier, couvert d'une toison d'or, sauva Phryxus et Hellé, fils d'Athamas et de Néphélé, de la cruauté d'Ino, fille de Cadmus, leur belle-mère. De ces deux infortunés, Hellé tomba dans le Pont, et donna à cette mer le nom d'Hellespont; l'autre, préservé de tous dangers, se retira auprès d'Oétas, roi de Pont, immola à Jupiter ce bélier qui lui avait sauvé la vie, et

attacha sa toison dans le temple. Jupiter, content de ce sacrifice, plaça dans le ciel cet animal, qui, selon Rufus Festus, n'est pas des plus brillants, ayant laissé sa toison d'or sur la terre.

2. ♉ *Taurus*, le Taureau, est composé de 207 étoiles, entre lesquelles une de la première grandeur, nommée par les Arabes *Aldébaran*, ou l'œil du Taureau, désignée α, a 65° 58′ d'ascension droite et 16° 5′ de déclinaison boréale. Jupiter plaça ce taureau dans le ciel parce que ce dieu, naviguant à Sidon sur un vaisseau qui avait la figure d'un taureau, enleva en Crète Europe, fille d'Agénor, qui jouait près du temple d'Esculape; d'où est venue la fable de Jupiter changé en taureau.

D'autres prétendent que c'est Io ou Isis changée par Junon en vache, et enlevée au ciel par Jupiter; incertitude qui donne à Ovide matière à plaisanter.

Dans cette constellation on remarque les *Hyades*, qui sont à la tête du Taureau, ainsi appelées parce qu'elles causent des pluies par leur lever *cosmique*. Le lever d'un astre est dit cosmique, lorsque cet astre se lève avec le soleil. Les lever et coucher *cosmiques* ont lieu le matin au lever du soleil; les lever et coucher *astronomiques* ont lieu le soir au coucher du soleil.

Les *Pléiades* sont au dos du Taureau; elles étaient sept, et du temps d'Ovide on n'en comptait que six. Galilée rapporte y avoir observé avec son télescope plus de 40 étoiles, et le P. Zupe, jésuite, plus de 50. Selon la fable, ces Pléiades furent placées au ciel parce qu'elles avaient été les nourrices de Jupiter et de Bacchus. La plus brillante est *Maïa*, mère de Mercure; *Stérope*, *Taygète*, et *Séléno*, forment avec Maïa un quadrilatère; les trois autres sont *Électre*, *Mérope*, *Alcinoé;* la première, affligée de l'incendie de Troie, ne voulut plus danser avec ses deux sœurs; c'est pour cela qu'elle se cache et ne paraît presque plus.

Quelques-uns prétendent que celle qui se cache est Mérope, honteuse d'avoir épousé Sisyphe, homme mortel, tandis que ses autres sœurs étaient unies à des dieux; savoir, Électre, Maïa et Taygète à Jupiter; Stérope à Mars, Alcinoé et Séléno à Neptune.

3. ♊ *Gemini*, les Gémeaux, constellation composée de 64 étoiles, 3 de la 2ᵉ grandeur, dont deux à leurs têtes : celle qui est à la tête de Castor α, appelée *Apollo*, a 110° 17′ d'ascension droite et 32° 20′ de déclinaison boréale ; celle qui est au cou de Pollux β, que l'on appelle *Hercules*, a 113° 6′ d'ascension droite et 28° 31′ de déclinaison boréale. Jupiter, sous la forme d'un cygne, fut tellement épris de Léda, fille de Cébale et femme de Tyndare, qu'il en provint deux œufs, d'où sortirent Castor et Pollux, Hélène et Clytemnestre. Les deux frères étaient si étroitement unis, qu'il n'y avait entre eux aucune prééminence, et qu'ils ne faisaient rien sans se le communiquer. Castor ayant été tué au siége de Sparte, Pollux demanda en grâce à Jupiter de donner à son frère la moitié de sa vie, pour pouvoir vivre chacun un jour alternativement. Jupiter, afin de perpétuer cet exemple d'amitié si rare entre deux frères, les plaça au ciel s'embrassant tendrement et brillant

alternativement. Les anciens s'estimaient heureux lorsque, sur mer, ils les voyaient briller l'un et l'autre.

4. ♋ *Cancer*, ou l'Écrevisse, contient 85 étoiles, dont 7 de 4ᵉ grandeur; une β, a 121° 17' d'ascension droite et 9° 49' de déclinaison. Sur la poitrine est un petit amas nommé la *Cruche;* Galilée a trouvé avec son télescope que cette nébuleuse était composée de 36 petites étoiles. Cette écrevisse fut mise au ciel, à la prière de Junon, parce qu'Hercule la tua pour lui avoir mordu le pied pendant le combat que ce héros eut à soutenir contre l'hydre.

5 ♌ *Leo*, le Lion, renferme 93 étoiles, dont une de la première grandeur, sur la poitrine, désignée par α, appelée *Régulus* ou *cœur du Lion*, a 149° 17' d'ascension droite et 12° 59' de déclinaison boréale; une autre β, à la queue, de 2ᵉ grandeur, nommée *Deneb Elleseb, queue du Lion*, a 174° 35' d'ascension droite et 15° 45' de déclinaison boréale. Ce lion est celui qui fut tué par Hercule dans la forêt de Némée.

6. ♍ *Virgo*, la Vierge, est composée de

117 étoiles, dont une α, de première grandeur, nommée *Azimech* ou l'*Épi*, a 198° 32′ d'ascension droite et 10° 4′ de déclinaison boréale. Selon Hésiode, cette vierge est fille de Jupiter et de Thémis, et selon Aratus, d'Astrée et d'Aurore. D'autres prétendent que c'est Érigone, fille d'Icare, qui, voyant le siècle d'or changé en siècle de fer à cause de l'injustice et de l'avarice des hommes, quitta la terre pour se retirer dans le ciel. Pline et Suétone rapportent que, dans l'espace compris entre la Vierge et le Scorpion, il parut, après la mort de Jules César, pendant sept jours, une comète que l'on crut être l'âme de César admise dans le ciel.

7. ♎ *Libra*, la Balance, contient 66 étoiles, dont deux sont de la 2e grandeur; l'une β, appelée *le milieu du fléau*, a 226° 26′ d'ascension droite et 8° 36′ de déclinaison boréale; l'autre α, au bassin méridional, appelée *Zubeneschemali*, a 219° 49′ d'ascension droite et 15° 9′ de déclinaison australe: une autre γ, de 3e grandeur, au bassin boréal, appelée *Zubenelgembi*, a 230° 57′

d'ascension droite et 14° 51′ de déclinaison australe. Ce signe de la Balance fut très-célèbre, tant parce qu'il servait d'époque à la fondation de Rome, que parce qu'étant voisin de la section automnale, il faisait le jour égal à la nuit.

8. ♏ *Scorpius*, le Scorpion, renferme 60 étoiles, dont une α, de première grandeur, nommée *Antarès*, ou *cœur du Scorpion*, a 244° 9′ d'ascension droite et 25° 57′ de déclinaison australe. De ce que Orion se couche quand le Scorpion se lève, on a feint que cet animal avait tué Orion dans le temps qu'il se vantait de pouvoir dompter et vaincre l'animal le plus féroce. Le Scorpion fut mis au ciel pour avertir les hommes d'abaisser leur ostentation.

9. ♐ *Sagittarius*, le Sagittaire, renferme 94 étoiles, 6 de la 3e grandeur; l'une α, au genou, derrière la couronne, a 287° 20′ d'ascension droite et 40° 59′ de déclinaison australe. Quelques-uns prétendent que c'est Eurotus, fils d'Euphème, nourrice des Muses, qui, à leurs prières, fut placé au ciel. Comme il aimait passionnément la chasse,

on l'a représenté partie homme et partie cheval, avec un arc et des flèches. Ovide dit que c'est Chiron qui, souffrant beaucoup de la blessure que lui avait faite au pied une flèche d'Hercule trempée dans le sang de l'hydre, demanda la mort avec instance; mais comme il était immortel, les dieux le placèrent dans le ciel au nombre des douze signes du zodiaque.

10. ♑ *Capricornus,* le Capricorne, a 64 étoiles, dont 2 de la 2e grandeur, au contour de sa queue, et 3 nébuleuses. La brillante α, à la corne, a 301° 36′ d'ascension droite et 13° 11′ de déclinaison australe. Hyginus rapporte que, dans la guerre des géants, Typhon répandit une si grande épouvante parmi les dieux et les déesses, qui s'étaient assemblés en Égypte, qu'ils prirent des figures étrangères pour se soustraire à la fureur de leurs ennemis. Pan se changea en bouc marin ou capricorne, pour être en sûreté sur mer et sur terre; Jupiter en bélier, Junon en vache, Vénus en poisson, et ainsi des autres.

L'auteur du *Spectacle de la Nature*, appuyé sur l'autorité de Macrobe et sur un plan d'analogies, imagine que les observateurs chaldéens donnèrent à chacune des constellations un nom particulier, dont la propriété ne consistait pas seulement à la faire connaître à tous les peuples, mais à leur annoncer en même temps la circonstance de l'année qui intéresserait toute la société, lorsque le Soleil serait parvenu à cette constellation. Quelque ingénieuse que soit l'application qu'en fait cet écrivain, nous tâcherons de prouver ailleurs, en traitant de l'institution du zodiaque, que cette application ne peut avoir lieu, et que les instituteurs mêmes du zodiaque ne pouvaient en avoir l'idée.

11. ♒ *Aquarius*, le Verseau, contient 117 étoiles, entre lesquelles 1 de la 3e grandeur, à l'épaule, désignée α, a 328° 45′ d'ascension droite et 1° 20′ de déclinaison australe. Ganymède, fils de Troïlus et de Callirhoé, chassant sur le mont Ida, fut enlevé par un aigle dans le ciel, pour être l'échanson des dieux et le témoin de leurs débauches.

12. ♓ *Pisces*, les Poissons, renferment

116 étoiles; dans les cordons qui les unissent, il en est une α, de la 3e grandeur, qui a 27° 48′ d'ascension droite et 1° 45′ de déclinaison australe. Vénus et Cupidon, pour se soustraire à la poursuite des géants, se changèrent en poissons, et furent transportés en Syrie; c'est pour cette raison que les Syriens autrefois s'abstenaient de manger des poissons, de peur de paraître dévorer des dieux.

§ II.

Les vingt-trois Constellations boréales des Anciens ***(avec leurs principales étoiles).***

1. La *petite Ourse* renferme 22 étoiles, entre lesquelles 2 sont de 2e grandeur : celle de l'épaule, marquée β, a 222° 52′ d'ascension droite et 75° 1′ de déclinaison. L'autre à l'extrémité de la queue, nommée présentement *étoile Polaire*, et désignée par α, a 12° 32′ d'ascension droite et 88° 11′ de déclinaison. Du temps d'Eudoxe et d'Hipparque, l'étoile de l'épaule était la plus proche du pôle, en étant distante seulement de 7

à 8°, et celle de la queue était la plus australe, étant éloignée du pôle de 12 à 14°. Le mouvement propre des astres contre l'ordre des signes est la cause de ce changement. Thalès est le premier qui ait fait remarquer aux Grecs cette constellation, qu'il avait nommée le *petit Chien.*

2. La *grande Ourse*, ou le *grand Chariot,* est composée de 97 étoiles, dont 6 de 2e grandeur, 3 sur le corps et 3 sur la queue. La première, qui est voisine de la queue, marquée ε, et appelée *Aliolit*, a 191° 11′ d'ascension droite et 57° 6′ de déclinaison. Les Phéniciens, à cause des services que leur rendait cette constellation, l'appelèrent *Doubé*, nom que les astronomes lui donnent encore, et qui signifie *constellation parlante.* Mais dans la langue des Phéniciens, ce mot *Doubé* signifiait aussi une ourse, et c'est dans ce sens absolument étranger qu'ils le communiquèrent aux Grecs.

Chez les Romains, comme le peuple croyait voir dans cette constellation la figure d'un chariot, et qu'ils appelaient *terio* les charrettes employées à fouler les épis et à en détacher le grain, ils donnèrent le nom de septentrion aux sept étoiles les plus belles de cette constellation.

Suivant la fable, la grande et la petite Ourse ont été les nourrices de Jupiter dans l'île de Crète, lorsque Ops l'élevait à l'insu de Saturne, au son des trompettes des bacchantes, de peur que les cris de son enfant ne fussent entendus de son père. C'est en récompense de ce service que Jupiter les a placées dans le ciel.

Selon Ovide et Hyginus, la grande Ourse était Calisto, fille de Lycaon et nymphe de Diane; pour avoir consenti sur le mont Nonacre aux désirs de Jupiter, elle fut changée en ourse par Diane ou par Junon.

Poursuivie et harcelée par des chasseurs, elle se retira dans un temple, ce qui fut encore pour elle un nouveau crime. Elle devait être tuée, si Jupiter, par compassion, ne l'eût transportée dans le ciel. Comme elle est placée dans la partie septentrionale, et qu'elle ne se couche jamais, on dit que Thétis, nourrice de Junon, ne voulut jamais la recevoir, dans la crainte de participer à son infamie.

3. Le *Dragon* a 85 étoiles, dont la brillante de la tête, de 3e grandeur, marquée β, et nommée *Razettanin*, a 261° 26′ d'ascension droite et 52° 28′ de déclinaison. Dans le temps de la guerre des géants, les déesses y prenaient autant de part que les dieux. Minerve, se voyant attaquée par un dragon furieux, le prit, et après l'avoir entortillé, le jeta si rudement contre le ciel, qu'il y resta, comme on le voit encore, entrelacé.

4. Le *Bouvier*, nommé *Arctophilax*, garde des Ourses, contient 70 étoiles, dont une de première grandeur, nommée *Arcturus*, désignée par α, a 211° 31′ d'ascension droite et 20° 17′ de déclinaison. Le Bouvier était fils de Jupiter et de Calisto. Lycaon l'ayant coupé pour le donner à manger à Jupiter son hôte, ce dieu le ressuscita et le plaça au nombre des astres, en commisération de ce qu'il devait être tué pour avoir poursuivi, jusque dans un temple, sa mère, cachée sous la forme d'une ourse.

5. La *Couronne boréale* est composée de 33 étoiles, dont la brillante marquée α, de 2e grandeur, a 231° 27′ d'ascension droite et 27° 26′ de déclinaison. Cette couronne est celle que Bacchus donna à Ariane en l'épousant, et qu'il plaça au ciel après la mort de sa femme.

6. Le *Serpent* contient 61 étoiles, dont la claire de son col, désignée par α, de 2e grandeur, a 233° 29′ d'ascension droite et 7° 6′ de déclinaison.

7. *Hercules* contient 128 étoiles, dont 7 de 3e grandeur. Celle de la tête désignée par α, et nommée en arabe *Ras-Algenthi*, a 256° 16′ d'ascension droite et 14° 39′ de déclinaison. Plusieurs prétendent que c'est Thésée, ou Ixion; ou Thamyre, rendu aveugle par les Muses, et que pour cette raison on voit à genoux pour demander grâce.

D'autres disent qu'Hercule, revenant d'Espagne, fut attaqué dans les Gaules par deux fils de Neptune; qu'après s'être bien défendu, et avoir épuisé son carquois de flèches, il eut recours à Jupiter, qui fit pleuvoir sur ses ennemis une grêle de pierres.

Hercule est aussi représenté à genoux, faisant sa prière aux dieux.

8. *Ophiuchus*, ou le *Serpentaire*, est composé de 85 étoiles, dont une, de la 2e grandeur, à sa tête, désignée par α, et nommée en arabe *Ra-Aslhauge*, a 261° 18′ d'ascension droite et 12° 44′ de déclinaison. Esculape, fils de Coronis et d'Apollon, fut placé au ciel à cause de sa science dans la médecine, ayant rendu la vie à plusieurs par le secours d'une herbe qu'un serpent lui avait indiquée.

En 1604, le 9 octobre, parut une étoile très-brillante, qui avait près de 2° de latitude, et de 258° de longitude; elle disparut en 1606.

9. La *Lyre* contient 21 étoiles, dont la plus brillante, désignée par α, et nommée la *claire de la Lyre*, en arabe *Wega*, a 277° 27′ d'ascension droite et 38° 36′ de déclinaison. Suivant Ovide, cette lyre est celle dO'rphée, excellent musicien.

10. Le *Cygne* est composé de 85 étoiles, dont une sur la queue, de la 2e grandeur, désignée par α, et nommée *Deneb Addigege*, a

308° 34′ d'ascension droite et 44° 32′ de déclinaison. C'est de ce cygne, dont Jupiter avait pris la figure pour tromper Léda, que naquirent Hélène et Clytemnestre, Castor et Pollux.

En 1600 il parut une étoile de la 3e grandeur sur sa poitrine, ayant 55° 37′ de latitude et 316° 18′ de longitude.

11. La *Flèche* a 18 étoiles, dont celle près de la plume, marquée α, de la 4e grandeur, a 292° 41′ d'ascension droite et 17° 33′ de déclinaison. Cette flèche est celle avec laquelle Hercule tua le vautour qui dévorait le cœur de Prométhée; elle fut placée au ciel par Jupiter.

12. Le *Dauphin* contient 19 étoiles, dont 5 de la 3e grandeur; celle de la queue, marquée ε, a 305° 48′ d'ascension droite et 10° 36′ de déclinaison. Arion, habile joueur de harpe, s'étant jeté dans la mer pour éviter la mort dont les matelots l'avaient menacé, fut reçu par un dauphin, qui le porta jusqu'à terre; cet animal, pour récompense, eut une place dans le ciel.

13. L'*Aigle*, ou le *Vautour volant*, contient 26 étoiles, dont une au col, désignée

par la lettre α, de la 2e grandeur, appelée *Altaïr*, a 295° 8′ d'ascension droite et 8° 19′ de déclinaison.

14. Le *petit Cheval* a 10 étoiles, dont 4 de la 4e grandeur ; celle de la tête, marquée α, a 316° 10′ d'ascension droite et 4° 23′ de déclinaison.

15. ***Pégase*** ou le *grand Cheval* contient 91 étoiles, dont 3 sont de la 2e grandeur. Il en a deux remarquables dans ses ailes; la première α, nommée *Markab*, a 343° 35′ d'ascension droite et 14° 5′ de déclinaison; la seconde β, nommée *Scheat-Alfarac*, a 343° 24′ d'ascension droite et 26° 57′ de déclinaison. Bellérophon, habile à manier les chevaux, ayant trouvé Pégase, cheval ailé, qui, du mont Parnasse s'était envolé dans un champ près de Corinthe, fut assez adroit pour le monter; mais voulant le conduire trop haut, il fut tellement secoué qu'il tomba, et Pégase s'envola au ciel.

16. *Céphée* a 58 étoiles, entre lesquelles 3 sont des plus brillantes. Celle de l'épaule boréale, de la 3e grandeur, marquée α, et appelée en arabe *Aldéramin*, a 318° 23′ d'as-

cension droite et 61° 42' de déclinaison.

17. *Cassiopée* contient 60 étoiles, dont 5 de 3e grandeur; celle marquée α, et nommée en arabe *Schedir*, a 7° 10' d'ascension droite et 55° 23' de déclinaison. On dit que Cassiopée était mère d'Andromède et femme de Céphée, roi d'Éthiopie. Elle fut enlevée dans le ciel et couchée honteusement sur une chaise, par dérision de ce qu'elle se piquait de surpasser les nymphes en beauté.

En 1572 parut une nouvelle étoile, égale en grandeur à Vénus, qui diminua et finit par disparaître en mars 1574 : elle avait, dans le commencement, 55° 45' de latitude et 36° 34' de longitude.

18. *Andromède* est composée de 71 étoiles, dont 3 de 2e grandeur; celle α, de la tête, nommée *Alpharatz*, a 359° 23' d'ascension droite et 27° 56' de déclinaison. Andromède fut exposée sur un rocher à la fureur d'un monstre marin et délivrée par Persée.

19. Le *Triangle boréal* a 13 étoiles; celle marquée α a 25° 17' d'ascension droite et 28° 33' de déclinaison.

20. *Persée* est composé de 65 étoiles, dont une brillante, de 2e grandeur, marquée α, au-dessous de la poitrine, et nommée en arabe *El-Genab*, a 47° 21' d'ascension droite et 49° 6' de déclinaison. Ce Persée était petit-fils d'Acrise, roi d'Argos, et fils de Danaé et de Jupiter. Il fut placé au ciel par la protection de Minerve pour avoir vaincu Méduse et délivré Andromède de la fureur du monstre marin auquel Cassiopée, sa mère, l'avait exposée.

21. Le *Cocher* contient 69 étoiles, dont la brillante α, de la première grandeur, nommée *Abhaiot*, ou la Chèvre, a 75° 18' d'ascension droite et 45° 46' de déclinaison. Les deux Chevreaux font avec elle un triangle isocèle aigu. Un fameux écuyer, nommé Éryctonius, roi d'Athènes, attela le premier quatre chevaux de front à un char; pour cette invention, Jupiter le plaça au ciel, où il est connu sous le nom de Cocher.

22. *Antinoüs* est composé de 27 étoiles et de 7 informes, dont les modernes font un arc avec la flèche qu'il tient dans sa

main. La brillante λ, de 3e grandeur, a 283° 47' d'ascension droite et 5° 11' de déclinaison. Cet enfant était si beau que l'empereur Adrien en faisait ses délices : il était né à *Chaudiopolis*, en Bithynie; il fut honoré d'une place dans le ciel.

23. La *Chevelure de Bérénice*, connue dans Bayer sous le nom de *Gerbe de blé*, contient 43 étoiles, dont une de 4e grandeur, marquée α, a 184° 11' d'ascension droite et 29° 6' de déclinaison. La chevelure de Bérénice, sœur et femme de Ptolémée Évergète, fut métamorphosée en une constellation appelée *Coma Berenices*, par la flatterie de Conon, célèbre astronome de Samos, qui assura l'avoir vue dans le ciel, où elle formait une espèce de triangle.

§ III.

Les treize Constellations boréales des Modernes (avec leurs principales étoiles).

1. Le *petit Lion* est composé de 55 étoiles; celle de la 3e grandeur, sur le milieu du corps, a 156° 41' d'ascension droite

et 37° 4' de déclinaison; une de 4e grandeur, dans la gueule, qui a 140° 20' d'ascension droite et 37° 20' de déclinaison.

2. Les *Lévriers* contiennent 38 étoiles, dont une de 3e grandeur, appelée le *cœur de Charles*, a 191° 33' d'ascension droite et 39° 27' de déclinaison.

3. Le *Sextant d'Hévélius* comprend 54 étoiles, dont une de 5e grandeur, placée sur le cylindre, a 141° 31' d'ascension droite et 7° 47' de déclinaison.

4. Le *Rameau de Cerbère ;* ce rameau, que l'on a substitué au Cerbère, renferme 13 étoiles, dont une, de 4e grandeur, a 273° 41' d'ascension droite et 21° 41' de déclinaison.

5. Le *Taureau royal de Poniatowski* contient 18 étoiles, dont 6 de 4e grandeur, une désignée *n*, placée sur l'œil oriental, a 267° 30' d'ascension droite, et 4° 30' de déclinaison.

6. Le *Renard* et l'*Oie* ont 35 étoiles, dont une de 3e grandeur, dans le nez du Renard, a 289° 59' d'ascension droite et 24° 15' de déclinaison

7. Le *Lézard marin* est composé de 12 étoiles, dont une, de la 4e grandeur, a 333° 50′ d'ascension droite et 51° 11′ de déclinaison.

8. Le *petit Triangle* est composé de 4 étoiles de 6e grandeur, dont une β, a 29° 16′ d'ascension droite et 33° 59′ de déclinaison.

9. La *Mouche*, ou le *Lys*, renferme 5 étoiles, dont une, de 3e grandeur, a 38° 51′ d'ascension droite et 28° 22′ de déclinaison.

10. Le *Renne* est de 12 étoiles, dont 4 de 5e grandeur et 8 de 6e; une de 4e grandeur, à la queue, a 1° 33′ d'ascension droite et 84° 26′ de déclinaison.

11. Le *Messier, Custos messium*, a 7 étoiles, dont 6 de 5e grandeur et une de 6e; une de 5e, à la main, a 51° 59′ 33″ d'ascension droite et 70° 39′ 3″ de déclinaison, selon le catalogue d'Hévélius, réduit au premier janvier 1790.

12. La *Girafe* est composée de 69 étoiles, dont une de 4e grandeur, entre les pieds de devant, a 97° 21′ d'ascension droite et 78° 48′ de déclinaison.

13. Le *Lynx* comprend 45 étoiles, dont une de la 4ᵉ grandeur, située aux narines, a 88° 12' d'ascension droite et 59° 1' de déclinaison.

§ IV.

Les quinze Constellations australes des Anciens (avec leurs principales étoiles).

1. La *Baleine*, ou le monstre marin, renferme 102 étoiles, dont une brillante α, à la mâchoire, de 2ᵉ grandeur, nommée en arabe *Menkarkaitoels*, a 42° 50' d'ascension droite et 3° 15' de déclinaison. Ce monstre fut envoyé par Neptune pour dévorer Andromède, et fut tué par Persée.

2. L'*Eridan* renferme 83 étoiles, dont une très-brillante, de première grandeur α. et nommée en arabe *Acharnahar* ou *Acharnar*, a 22° 28' d'ascension droite et 58° 18 de déclinaison. Phaéton, fils du Soleil et de Climène, obtint de son père la permission de conduire son char pendant un jour; mais son défaut d'adresse ayant presque été cause de l'embrasement de l'univers, Jupiter, d'un coup de foudre, le

précipita dans l'Éridan; c'est pour cette raison que ce fleuve semble couler dans le ciel.

3. *Orion* contient 90 étoiles, dont 2 de la première grandeur; celle du pied, nommée *Rigel* et désignée par β, a 76° 7' d'ascension droite et 8° 27' de déclinaison. Orion était un grand chasseur, aimé de Diane. Apollon en devint jaloux, et provoqua Diane à tirer sur un objet de couleur noire qui sortait de la mer. Cette déesse ayant décoché sa flèche, vit que c'était Orion qu'elle avait percé. Les dieux, pour la consoler, placèrent dans le ciel sa malheureuse victime.

La ceinture d'Orion est composée de 3 étoiles de la 2e grandeur, connues vulgairement sous le nom de *Bâton de Saint-Jacques*, ou les *trois Rois*. Galilée a remarqué dans cette constellation, au moyen du télescope, plus de 500 étoiles.

4. Le *Lièvre* est composé de 20 étoiles, dont une β, de la 3e grandeur, a 79° 49' d'ascension droite et 20° 56' de déclinaison. Cet animal fut transporté au ciel parce que

Orion, qui avait les faveurs de Diane, aimait passionnément, ainsi que cette déesse, la chasse du lièvre.

5. Le *petit Chien* renferme 17 étoiles, dont une brillante α, de la première grandeur et nommée *Procyon,* a 112° 4′ d'ascension droite et 5° 46′ de déclinaison. Les anciens ont imaginé que ce chien avait été placé dans le ciel avec Érigone, fille d'Icare, à cause de l'extrême douleur qu'il avait témoignée de la mort d'Icare, son maître, tué par des paysans ivres, et de la perte d'Érigone, qui s'était donné la mort en désespoir de celle de son père.

6. Le *grand Chien* renferme 54 étoiles, dont une α, qui égale Jupiter dans son périgée, se trouve à sa gueule et s'appelle *Sirius,* a 98° 58′ d'ascension droite et 16° 26′ de déclinaison. Les uns prétendent que ce chien était celui d'Orion; d'autres veulent qu'il ait été donné par Aurore à Céphale. Ce chien avait une si grande légèreté, qu'il surpassait tous les autres animaux à la course; mais, devant jouter contre un renard, à qui Jupiter avait donné une légè-

reté égale, il fut enlevé au ciel, dans la crainte que le sort ne lui fût contraire.

7. Le *Vaisseau*, ou le *Navire*, renferme 117 étoiles, dont une brillante α, de la première grandeur, nommée *Canopus*, a 94° 49' d'ascension droite, et 52° 35' de déclinaison. Lorsque les Argonautes, qui passèrent en Colchide, furent de retour avec la conquête de la toison d'or, ils consacrèrent à Neptune le vaisseau qu'ils avaient monté, et qu'ils nommaient *Argo*.

8. L'*Hydre femelle* contient 52 étoiles, dont une brillante α, de la 2e grandeur, nommée *Alphard*, ou *cœur de l'Hydre*, a 139° 19' d'ascension droite, et 7° 45' de déclinaison.

9. La *Coupe*, ou le *Vase*, renferme 13 étoiles, dont une α, de la 4e grandeur, a 162° 24' d'ascension droite et 17° 11' de déclinaison.

10. Le *Corbeau* est composé de 10 étoiles, dont une γ, de 3e grandeur, dans l'aile inférieure, nommée *Algorab*, a 181° 16' d'ascension droite et 16° 23' de déclinaison. Les noms de ces trois constellations sont tirés

d'une même fable, qui renferme la même allégorie. On rapporte qu'Apollon, voulant faire un sacrifice, donna une coupe à un corbeau pour aller chercher de l'eau dans un endroit qu'il lui indiqua; que le corbeau étant resté trop longtemps, Apollon le punit en laissant la coupe pleine d'eau, et une hydre auprès de lui pour l'empêcher de boire. C'est pourquoi l'on représente le corbeau becquetant le serpent, à cause de la soif qu'il lui fait endurer.

11. Le *Centaure* contient 48 étoiles, dont 12 sont de première grandeur; celle désignée par α, au pied de devant, a 216° 27′ d'ascension droite et 59° 58′ de déclinaison. Chiron, fils de Saturne et de Philyra, demeurant dans la Thessalie, près du mont Pélion, était un grand médecin, et fut choisi par Pélée pour être précepteur d'Achille. Il mourut d'une blessure causée par une flèche d'Hercule, qui lui tomba sur le pied. Les dieux l'enlevèrent au ciel, où il est connu sous le nom de Centaure.

12. Le *Loup* est composé de 34 étoiles, dont une δ, de la 3e grandeur, au pied de

derrière, a 226° 55′ d'ascension droite et 39° 52′ de déclinaison. On dit que Chiron immola cet animal aux dieux, qui le placèrent dans le ciel.

13. L'*Autel* a 8 étoiles, dont une, de la 3e grandeur, a 258° 35′ d'ascension droite et 49° 41′ de déclinaison. Cet autel est l'ouvrage des Cyclopes; les dieux y firent des sacrifices et jurèrent la ligue qu'ils formèrent contre les Titans.

14. La *Couronne australe* contient 12 étoiles, dont une, de 5e grandeur, a 283° 44′ d'ascension droite et 51° 53′ de déclinaison.

15. Le *Poisson austral* est composé de 32 étoiles; la plus brillante α, de première grandeur, nommée *Fomalhaut*, a 141° 30′ d'ascension droite et 30° 44′ de déclinaison.

§ V.

Les trente-une Constellations australes des Modernes (avec leurs principales étoiles).

1. Le *Fourneau chimique* (1), composé de 39 étoiles, dont une de 3e grandeur, 3 de 5e, et 35 de 6e. Une de ces étoiles, α, de 3e grandeur, a 45° 47′ d'ascension droite et 29° 50′ de déclinaison.

2. L'*Horloge à pendule* a 24 étoiles de 5e et de 6e grandeur. La plus belle α, de 5e grandeur, a 61° 46′ d'ascension droite et 42° 49′ de déclinaison australe.

3. Le *Réticule rhomboïde* a 7 étoiles,

(1) Lacaille a ajouté dans l'hémisphère austral plusieurs constellations, savoir : le ***Fourneau chimique***, le ***Réticule***, le ***Burin du graveur***, le ***Chevalet du peintre***, le ***Télescope***, le ***Compas***, le ***Triangle***, la ***Montagne de la Table***, l'***Octant***, le ***Microscope***. Cet astronome a observé ces nouvelles constellations pendant son séjour au cap de Bonne-Espérance ; il les a formées ou imaginées pour remplir les vides entre les anciennes constellations.

dont une de 3e grandeur, nommée α, a 62° 57′ d'ascension droite et 63° de déclinaison.

4. Le *Burin du graveur* a 15 étoiles, dont 4 de 5e grandeur, et 11 de 6e; l'une δ, de 4e grandeur, a 66° 6′ d'ascension droite et 45° 25′ de déclinaison.

5. La *Dorade* est composée de 6 étoiles, dont une, nommée α, de la 3e grandeur, a 67° 22′ d'ascension droite et 55° 29′ de déclinaison.

6. La *Colombe* a 37 étoiles, dont α, de la 2e grandeur, a 83° 1′ d'ascension droite et 34° 12′ de déclinaison.

7. Le *Chevalet du peintre* a 4 étoiles, dont une de 4e grandeur, et 2 de 6e; l'une α, de 3e grandeur, a 101° 31′ d'ascension droite et 61° 43′ de déclinaison.

8. La *Licorne* d'Hévélius a 31 étoiles, dont celle au ventre, de 4e grandeur, a 112° 48′ d'ascension droite et 9° 4′ de déclinaison.

9. La *Boussole* a 14 étoiles, dont 3 de 5e et 11 de 6e grandeur; la plus belle β, de 5e grandeur, a 127° 58′ d'ascension droite et 34° 34′ de déclinaison australe.

10. La *Machine pneumatique* a 22 étoiles, dont 2 de 5e et 20 de 6e grandeur; la plus belle α, de 5e grandeur, a 154° 23′ d'ascension droite et 30° de déclinaison australe.

11. Le *Solitaire* (oiseau des Indes) contient 22 étoiles de 6e, 7e, 8e et 9e grandeur, excepté cependant γ du Scorpion, selon les cartes de Bayer, qui est de 3e grandeur, et que M. Le Monnier y a enclavée. Cette étoile a 222° 57′ 18″ d'ascension droite et 24° 27′ de déclinaison australe (1).

12. La *Croix australe* contient 6 étoiles, qui sont dans les pieds de derrière du Centaure, dont celle marquée α, de première grandeur, a 183° 46′ d'ascension droite et 61° 56′ de déclinaison.

13. La *Mouche*, ou l'*Abeille*, a 4 étoiles de la 5e grandeur, dont une β a 188° 24′ d'ascension droite et 66° 57′ de déclinaison.

(1) Cette constellation a été formée, en 1776, par M. Le Monnier, au-dessous de l'écliptique, entre la Balance, le Scorpion et l'Hydre, en mémoire du voyage de M. Pingré à l'île de Rodrigue. (*Académie des Sciences*, Mém., 1776, p. 561.)

14. Le *Caméléon* contient sept étoiles de la 5e grandeur, dont une δ, au dos, a 160° 56′ d'ascension droite et 79° 26′ de déclinaison.

15. Le *Poisson volant* contient 6 étoiles, dont celle de la queue, de 5e grandeur, appelée α, a 134° 47′ d'ascension droite et 65° 34′ de déclinaison.

16. Le *Télescope* a 8 étoiles, dont 3 de 4e, 4 de 5e, et 1 de 6e grandeur : une α, de 4e, a 272° 51′ d'ascension droite et 46° 41′ de déclinaison.

17. La *Règle* et l'*Équerre* ont 15 étoiles de 5e et 6e grandeur; la plus belle α, de 5e grandeur, a 244° 25′ d'ascension droite et 34° 14′ de déclinaison australe.

18. Le *Compas* a deux étoiles, une de 4e et une de 5e grandeur, dont α, de 4e grandeur, a 216° 27′ d'ascension et 64° 3′ de déclinaison.

19. Le *Triangle austral* a 5 étoiles, dont une γ, de 2e grandeur, a 224° 54′ d'ascension droite et 67° 53′ de déclinaison.

20. L'*Oiseau de paradis*, ou l'*Apode*, contient 4 étoiles, dont 3 de 5e grandeur,

et une de la 6ᵉ; une de 5ᵉ a 215° 7' d'ascension droite et 77° 47' de déclinaison.

21. La *Montagne de la Table* a 6 étoiles, dont 4 de 5ᵉ et 2 de 6ᵉ grandeur; une de 6ᵉ à 68° 11' d'ascension droite et 80° 41' de déclinaison.

22. L'*Écu de Sobieski* contient 16 étoiles, dont 4 de 4ᵉ grandeur; une nommée *m*, sur la petite branche, a 275° 47' d'ascension droite, et 8° 23' de déclinaison.

23. L'*Indien* est composé de 4 étoiles, dont une α, de la 3ᵉ grandeur, à la tête, a 305° 41' d'ascension droite et 48° 1' de déclinaison.

24. Le *Paon* est composé de 11 étoiles, dont une α, de la 2ᵉ grandeur, à la tête, a 302° 14' d'ascension droite et 57° 23' de déclinaison.

25. L'*Octant* a 7 étoiles, 6 de 5ᵉ et une de 6ᵉ grandeur, dont une ε, de 4ᵉ grandeur, a 141° 3' d'ascension et 84° 48' de déclinaison.

26. Le *Microscope* a 8 étoiles, une de 5ᵉ, 7 de 6ᵉ grandeur, dont une, de 5ᵉ, a 309° 12' d'ascension droite et 34° 22' de déclinaison.

27. La *Grue* a 12 étoiles, dont une au ventre α, de la 2e grandeur, a 328° 44′ d'ascension droite et 47° 58′ de déclinaison.

28. Le *Toucan* a 11 étoiles, dont α, de la 3e grandeur, a 33° d'ascension droite et 61° 18′ de déclinaison.

29. L'*Hydre mâle* contient 8 étoiles, dont β, de la 3e grandeur, a 3° 30′ d'ascension droite et 78° 26′ de déclinaison.

30. L'*Atelier du sculpteur*, composé de 28 étoiles, dont 5 de 5e grandeur, et 23 de 6e; la plus belle α, de 5e grandeur, a 12° 8′ d'ascension droite et 30° 30′ de déclinaison australe.

31. Le *Phénix* contient 11 étoiles, dont une, de la 2e grandeur, au cou, a 3° 58′ d'ascension droite et 43° 27′ de déclinaison.

De la Voie lactée.

On appelle voie lactée une bande céleste qui paraît plus lumineuse que le reste du ciel, et qui l'entoure comme une zone de plusieurs degrés, qui suivrait à peu près un grand cercle passant à 35° environ des pôles. Ce nom de voie lactée vient, selon les anciens, de ce que Junon allaitant Hercule, cet enfant la mordit si fortement, qu'elle le jeta là et perdit beaucoup de lait. D'autres prétendent que c'était le chemin que les dieux suivaient pour se rendre au palais de Jupiter; d'autres, que c'étaitla route que Phaéton avait prise pour conduire le char du Soleil, et qu'il eut soin de marquer par une longue traînée de cendre; enfin, que c'est en cet endroit que s'envolaient les âmes des héros. Elle est connue aujourd'huipar les gensde la campagne sous le nom de *Chemin Saint-Jacques*.

Cette blancheur ne provient physiquement que d'une quantité innombrable d'étoiles fixes et très-petites, dont toute cette partie du ciel est parsemée, et que la vue simple ne peut apercevoir.

CHAPITRE VI.

Usages du Globe terrestre.

USAGE I.

Réduire les heures et minutes d'heure en degrés et minutes de l'équateur.

Sachant qu'une heure répond à 15°, et une minute d'heure à 15' de degré, si vous voulez réduire 9 heures 7 minutes d'heure en degrés de l'équateur, multipliez les 9 heures par 15°, vous aurez 135°, et les 7 minutes multipliées par 15' vous donneront 105' ou 1° 45'; le total sera de 136° 45', qui correspondent à 9 heures 7 minutes d'heure.

USAGE II.

Réduire les degrés et les minutes de l'équateur en heures et en minutes d'heure.

Un degré de l'équateur correspond à 4

minutes d'heure, et une minute de degré à 4 secondes d'heure; ainsi pour réduire 32° 13' en heures et en minutes d'heure, multipliez 32° par 4, vous aurez 128° d'heure, et de même, les 13' de degré par 4, vous aurez 52' d'heure; le tout divisé par 60, vous donnera 2 heures 8 minutes 52 secondes, qui correspondent à 32° 13' de l'équateur.

USAGE III.

Trouver la longitude et la latitude d'un lieu.

La longitude d'un lieu est sa distance en degrés comptés sur l'équateur depuis le premier méridien, et sa latitude la distance en degrés comptés depuis l'équateur sur le méridien; d'où il suit que la hauteur du pôle est égale à la latitude. Pour trouver ces distances, placez le lieu proposé sous le méridien, vous verrez sur le méridien le degré de latitude cherché, et le degré de l'équateur qui se trouve sous le méridien en même temps que ce lieu-là vous indique la longitude; vous apercevrez Paris à 49° de latitude et à 20° de longitude. Ce méridien est alors celui de Paris, et il répond à tous les pays qui ont midi ou minuit au même instant que Paris; midi, si le soleil y est levé; minuit, s'il est couché. Le premier méridien d'où l'on part est de pure convention. Les longitudes ont été ainsi nommées, parce que dans le temps que les géographes ont établi leurs mesures, la longueur des pays connus était plus grande d'occident en orient que du midi au nord. Par une déclaration du 25 avril 1634, notre premier méridien fut fixé à l'extrémité de l'*Ile de Fer,* la plus occidentale des Canaries. Le bourg principal de cette île est à 19° 53′ 45″ à l'occident de Paris. Mais de Lisle, célèbre géographe, ayant supposé, pour plus de facilité, que Paris était à 20°, compte rond, son exemple fut suivi par les autres géographes français; ainsi, dans la plupart des cartes, on établit le méridien universel à 20° du méridien de Paris, du côté de l'occident, et l'on compte les longitudes vers l'orient, jusqu'à 360°, en faisant le tour du globe. Les astronomes français ont établi le leur à l'Observatoire de Paris, distant de celui de l'île de Fer de 20°, de manière que Paris est à zéro; et l'on distingue la longitude en orientale et en occidentale, selon que la distance est à l'*est* ou à l'*ouest* de ce point de départ. Sur les globes, chacun des deux hémisphères embrasse 180°.

Remarquez que, dans un pays où le soleil ne se couche point, on peut appeler minuit l'heure du passage par le méridien au-dessous du pôle. Les deux pôles sont les seuls pour lesquels il n'y a ni midi, ni minuit; on ne peut pas y distinguer les heures, mais seulement les mois et les années.

USAGE IV.

Trouver la différence de longitude et de latitude entre deux lieux proposés.

Prenons Paris et Jérusalem pour exemple. Retranchez la longitude de Paris de celle de Jérusalem, qui est la plus grande, étant la plus orientale; le reste sera la différence de leur longitude : il en est de même pour la différence des latitudes; retranchez la plus petite de la plus grande.

USAGE V.

Trouver, 1° *tous les lieux de la terre qui ont la même longitude; 2° tous les lieux qui ont la même latitude* (¹).

Paris étant placé sous le méridien, et à sa latitude, observez tous les autres lieux qui se rencontrent sous ce méridien, ces lieux ont la même longitude. Tournant le globe vers l'orient ou vers l'occident, remarquez tous les lieux qui passent successivement sous le point du méridien 49°, latitude de Paris, vous verrez tous les lieux qui ont la même latitude, et par conséquent la même

(¹) La latitude se mesure ou vers le midi, ou vers le nord. On appelle latitude *septentrionale* ou latitude *nord*, la distance à l'équateur pour les pays qui sont du côté du nord; et latitude *méridionale* ou latitude *sud*, celle qui se compte de l'autre côté de l'équateur, que l'on appelle aussi *ligne équinoxiale*.

température; un crayon fixé sur ce point tracerait sur le globe le parallèle de Paris, où sont tous les lieux cherchés.

Tous les lieux situés à 45° sont également distants de l'équateur et du pôle, puisqu'il n'y a que 90° entre l'équateur et les pôles, où finissent toutes les latitudes. Telle est la position de Bordeaux, de Sarlat, d'Aurillac, du Puy, de Valence, de Briançon, de Turin, de Casal, de Plaisance, de Mantoue, de Rovigo, et des bouches du Pô; en Asie, d'Astrakan, etc.

USAGE VI.

Trouver la longueur du jour et de la nuit pour une latitude et un jour donnés.

Le pôle étant élevé à la latitude de Paris, cherchez le lieu du soleil dans l'écliptique pour le jour proposé; placez ce lieu dans l'horizon oriental, et le style horaire sur 12 heures : tournez le globe jusqu'à ce que le soleil soit dans l'horizon occidental, alors le style vous indiquera, par le nombre des heures qu'il aura parcourues, de combien est la longueur du jour; cette longueur retranchée de 24 heures sera la durée de la nuit. Par exemple, le 23 novembre, le Soleil étant au premier degré du Sagittaire, le style marque 9 heures 15 minutes; cette durée, soustraite de 24 heures, donne 14 heures 45 minutes pour Paris. Si le lieu dont il s'agit est dans l'hémisphère austral, ou du midi, alors vous élèverez sur l'horizon le pôle antarctique ou du midi.

USAGE VII.

Trouver de combien d'heures un lieu a plus tôt ou plus tard midi qu'un autre.

Cherchez la différence de longitude des lieux proposés, vous trouverez que Lisbonne en Portugal a midi plus tard que Paris de 45' 55" d'heure, parce que cette ville est plus occidentale que Paris de 11° 28' 45", nombre qui, réduit en temps, donne 45' 57" d'heure.

USAGE VIII.

Trouver quelle heure il est à une ville lorsqu'il est 9 heures du matin à une autre ville.

Amenez la ville où il est 9 heures du matin sous le méridien, et le style horaire sur cette heure du côté de l'orient ; tournez le globe jusqu'à ce que le lieu cherché soit sous le méridien ; regardez l'heure marquée par le style, vous trouverez que, quand il est 9 heures du matin à Paris, il est 9 heures 40 minutes à Rome et 11 heures 12 minutes à Jérusalem.

Toutes les villes de l'Asie comptent aussi plus qu'à Paris ; mais celles qui sont situées à l'occident, telles que les villes de l'Amérique, comptent moins : quand il est midi à Paris, il n'est que 5 heures 10 minutes du matin à Mexico, et déjà il est 7 heures 36 minutes du soir à Pékin.

USAGE IX.

Trouver combien d'heures le plus long jour d'été d'une ville a de plus que celui d'une autre ville.

Prenons pour exemple Paris et Stockholm, capitale de la Suède. Opérez comme dans l'usage VII. Placez le solstice d'été, premier degré du Cancer, dans l'horizon oriental, et le style horaire sur 12 heures; tournez le globe jusqu'à ce que ce degré soit arrivé dans l'horizon occidental, le style indiquera que le plus long jour d'été est de 16 heures à Paris. Mettant ensuite Stockholm à la latitude de 59° 20', par le même procédé, le style vous donnera 18 heures 15 minutes; donc le plus long jour d'été, à Stockholm, est de 2 heures 15 minutes plus long qu'à Paris. Mais quand le soleil est au solstice du Capricorne, la plus longue nuit est de 16 heures à Paris, à Stockholm de 18 heures 15 minutes, et son plus court jour est de 5 heures 45 minutes.

USAGE X.

Connaître la distance d'un lieu à un autre.

Prenez avec un compas la distance des deux lieux proposés, et portez cette ouverture de compas sur l'équateur; comptez combien elle contient de degrés, de 25 lieues chacun; vous connaîtrez, en lieues, la distance demandée; ou placez le premier degré du vertical sur l'une des deux villes, et conduisez ce même vertical sur l'autre ville; le nombre de degrés compris dans l'intervalle vous donnera la distance en degrés. Vous saurez que la distance de Paris à Constantinople est de 20° de l'équateur, qui sont 500 lieues communes de France, et celle de Paris à Ispahan de 43°, c'est-à-dire de 1075 lieues communes.

USAGE XI.

Connaître les différents habitants du globe auxquels la différence des ombres méridiennes a fait donner des noms différents.

Ces habitants sont nommés *housriscions*,

amphisciens, *asciens*, divisés en *asciens-amphisciens*, et *asciens-hétérosciens*, *antipodes*, *antéciens*, *périéciens*.

Les *périsciens* [1] sont ceux dont les ombres tournent en 24 heures vers tous les points de l'horizon; ce sont les habitants des zones glaciales : pour eux le soleil ne se couche point pendant un certain temps de l'année, au solstice d'été; lorsque cet astre est du côté du midi, les ombres vont vers le nord, et lorsqu'il est du côté du nord, au-dessous du pôle, il rejette l'ombre vers le midi.

Les *amphisciens* sont les habitants de la zone torride, dont l'ombre, à midi, se projette tantôt au nord et tantôt au sud; au sud si le soleil est au nord, et au nord s'il est au sud.

Les *asciens* sont les peuples qui, placés sous les tropiques mêmes, n'ont aucune ombre à midi, dans un ou deux jours de l'année,

(1) Ces dénominations dérivent d'un mot grec joint aux prépositions relatives à chaque signification. Σκια, *umbra*, l'ombre; περισκια, l'ombre autour, etc.; ασκια signifie sans ombre.

le soleil étant alors à son zénith. Varenius (*géographie générale*, t. III, ch. XXVII), les distingue en *asciens-amphisciens*, pour lesquels l'ombre s'étend quelquefois vers le nord et quelquefois vers le sud, et disparaît deux fois l'année, le soleil étant alors au zénith; et en *asciens-hétérosciens*, dont les ombres sont toujours du même côté, et disparaissent seulement une fois : c'est le jour où le soleil arrive dans le tropique sous lequel ces peuples sont situés, c'est-à-dire dans les zones tempérées. Le soleil, pendant toute l'année, est plus au sud de ceux qui sont sous la zone tempérée du nord, et plus au nord de la zone tempérée du sud : ainsi l'ombre, à midi, se projette au nord pour l'une, et au sud pour l'autre; voilà pourquoi dans nos régions l'ombre méridienne d'un corps vertical se projette toujours vers le nord, parce qu'elle est toujours opposée au soleil qui est du côté du sud.

Les *antipodes* sont ceux qui habitent des lieux diamétralement opposés, et éloignés l'un de l'autre de tout le diamètre de la terre. Les antipodes ont le même plan pour horizon; l'un voit la face supérieure, l'autre la face inférieure de ce plan; on peut dire qu'ils ont un horizon commun, mais tout le reste opposé; le jour, la nuit, et leurs différences, le printemps, l'été, l'automne, l'hiver, les hauteurs méridiennes, etc.; parce que, si le pôle arctique est élevé sur l'horizon pour les uns, le pôle antarctique est autant élevé pour les autres au-dessus de l'horizon commun. Si deux antipodes se tournent vers l'équateur, l'un voit les astres se lever à sa droite, l'autre les voit se lever à sa gauche. Les anciens ne pouvaient se persuader qu'il y eût des antipodes; cette opinion a été attaquée d'hérésie dans les commencements du christianisme; mais la découverte du Nouveau Monde, qui a donné occasion de faire plusieurs fois le tour de la terre, ne permet plus d'en douter.

Les *antéciens* sont ceux qui, sans être diamétralement opposés, occupent le même demi-cercle du méridien, mais les uns au sud et les autres au nord de l'équateur, et à des distances ou latitudes égales. Ils ont midi et les autres heures au même instant; mais l'hiver des uns a lieu en même temps que l'été des autres; le printemps des premiers est l'automne des seconds; les jours des uns sont égaux aux nuits des autres : quand les jours croissent pour ceux-ci, ils décroissent pour ceux-là; en un mot, le pôle, qui est élevé pour les uns, est abaissé pour les autres de la même quantité. Lorsque deux antéciens regardent le soleil à midi, ils ont la face tournée l'un contre l'autre, à moins que le soleil ne soit plus éloigné de l'équateur que l'un des deux.

Les *périéciens* sont ceux qui habitent le même parallèle, mais dans des points opposés, de manière que le minuit des uns est le midi des autres; mais, étant du même côté de l'équateur, ils ont les mêmes saisons, et dans les mêmes temps. Le jour de l'équinoxe, le soleil se lève pour l'un au moment où il se couche pour l'autre. Les astres se lèvent au même point et à la même distance de la méridienne, et restent le même temps sur l'horizon. Quand le soleil est vers le pôle élevé, c'est-à-dire pendant le printemps et l'été, il se lève pour l'un avant de se coucher pour l'autre; en sorte qu'il y a un intervalle pendant lequel les deux périéciens voient le soleil en même temps. Au contraire, pendant l'automne et l'hiver, il y a une portion de la nuit commune à tous les deux, c'est-à-dire un espace de temps où ni l'un ni l'autre ne voient le soleil; enfin ils ont toutes les propriétés de la même latitude, soit méridionale, soit septentrionale.

Il en résulte que les antéciens ont les mêmes heures et les saisons contraires, les périéciens les mêmes saisons et les heures contraires. Les antipodes de Paris sont les périéciens de ses antéciens, et ils sont antéciens à l'égard des périéciens de Paris.

USAGE XII.

Trouver, par le moyen du globe, les antéciens, les périéciens et les antipodes d'un lieu donné, comme Paris.

Pour trouver la situation de ces peuples sur le globe, placez le lieu donné sous le méridien; Paris étant dans l'hémisphère septentrional à 49° de latitude, comptez dans l'hémisphère méridional autant de degrés depuis l'équateur qu'il y en a depuis le même cercle jusqu'à Paris; le 49e degré sera le lieu des antéciens; vous le verrez au sud-ouest du cap de Bonne-Espérance, dans les terres australes.

Pour trouver les périéciens, Paris restant sous le méridien, posez le style horaire sur 12 heures ou midi; tournez le globe jusqu'à ce que le style soit arrivé à 12 heures ou minuit au bas du cercle; remarquez le lieu qui se rencontre sous le méridien à l'endroit du zénith, vous verrez un groupe d'îles au sud-est du Kamtschatka, extrémité orientale de l'Asie : là sont nos périéciens.

Pour les antipodes, amenez Paris à l'horizon sous le méridien, regardez quel est le lieu diamétralement opposé, qui se trouve sous le même méridien à l'horizon; vous verrez que les antipodes de Paris, et de toute l'Europe, sont dans la mer du Sud, aux environs de la Nouvelle-Zélande, une des terres australes que l'on connaissait à peine avant le voyage autour du monde de Bougainvilleet celui de Banks, Solander, et mieux connue encore depuis les trois voyages du célèbre capitaine Cook. Vous verrez que la ville de Lima, au Pérou, est à peu près antipode de celle de Siam, dans les Indes; que Buenos-Ayres, en Amérique, est antipode de Pékin, capitale de la Chine; que l'Espagne a ses antipodes dans la Nouvelle-Zélande.

USAGE XIII.

Disposer le globe comme il est au temps des équinoxes, disposition vulgairement appelée la sphère droite.

Placez les deux pôles dans l'horizon que l'on peut appeler horizon du soleil ; mettez la chape du vertical représentant le soleil au zénith, faites tourner le globe d'occident en orient; vous verrez que, pendant une révolution journalière, la terre présente son équateur au rayon central du soleil, et que, conséquemment, les peuples qui habitent autour de ce cercle ont successivement à midi chacun le soleil à leur zénith; et comme, dans cette position, l'équateur et tous les cercles parallèles, ou cercles de latitude, sont coupés en deux parties égales par l'horizon, il est évident que tous les habitants du globe ont le jour égal à la nuit, c'est-à-dire 12 heures de jour et 12 heures de nuit; ce qui arrive deux fois l'année, savoir : le 21 mars et le 22 septembre, jours des équinoxes.

USAGE XIV.

Disposer le globe selon la déclinaison, et connaître les lieux de la terre où passe le rayon central du soleil, en un jour proposé, comme le 10 *avril.*

Cherchez sur l'horizon, dans le cercle des mois, à quel degré du signe répond le 10 avril : c'est le 20ᵉ du Bélier; conduisez ce degré sous le méridien, comptez les degrés du méridien compris entre l'équateur et ce degré, vous trouverez que la déclinaison indiquée sur l'écliptique est de 7° 57′ septentrionale; élevez le pôle arctique d'un même nombre sur l'horizon; mettez ensuite la chape du vertical qui représente le soleil au zénith; elle se trouvera à pareil degré de déclinaison septentrionale; alors le rayon central du soleil décrira sur la surface du globe un parallèle éloigné de l'équateur de 7° 57′, dans la partie septentrionale, et les peuples qui habitent autour de ce parallèle auront ce jour-là, à midi, chacun à leur tour, le soleil à leur zénith.

Remarques. i. Si la déclinaison du soleil est méridionale, il faut élever sur l'horizon le pôle méridional.

ii. Le globe disposé ainsi ([1]), vous voyez que l'horizon coupe tous les parallèles en deux parties inégales, excepté l'équateur; que les plus grands arcs qui sont au-dessus de l'horizon sont dans la partie septentrionale, et que, par cette raison, les peuples qui habitent cette partie ont les jours plus longs que les nuits.

iii. Vous connaîtrez la longueur des jours de chaque parallèle en comptant le nombre de leurs degrés indiqués sur l'horizon, à raison de 15° par heure, et de 15′ de degré pour chaque minute d'heure.

iv. Si vous pratiquez cet usage pour le temps des solstices, temps de la plus grande déclinaison du soleil, vous verrez que le cercle polaire arctique est entièrement sur l'horizon, et que les peuples qui habitent

([1]) Pour opérer plus facilement, le cercle horaire s'adapte sous le méridien de cuivre, de manière que le globe tourne d'un pôle à l'autre, sans que le méridien sorte des entailles de l'horizon.

sous ce cercle ont un jour de 24 heures, tandis que ceux qui habitent le cercle polaire antarctique ont une nuit de 24 heures.

v. Dans cette position du globe, pour connaître le plus long jour d'un lieu, il suffit d'élever le pôle suivant la hauteur qui lui convient, et de compter le nombre des degrés du tropique que le soleil décrit dans ce jour; le nombre des degrés de ce tropique qui se trouvent au-dessus de l'horizon, réduit en temps, vous fera connaître le plus long jour de l'année.

vi. De ce qui est dit ici du jour, concluez de même pour la nuit, en prenant pour mesure de la nuit le complément à 24 heures de ce que vous avez trouvé pour la mesure du jour.

USAGE XV.

Trouver la hauteur apparente du soleil sur l'horizon à midi et à toute heure du jour, dans un lieu proposé, pour un jour donné; par exemple, à Paris, le 10 avril *à midi.*

Prenez la déclinaison, qui est de 7° 57',

comme dans le précédent usage; placez Paris sous le méridien et à sa latitude; comptez le nombre des degrés depuis cette ville jusqu'à l'astre; le complément à 90°, qui est 49°, sera le nombre des degrés de la hauteur du soleil à midi sur l'horizon.

Si vous voulez avoir pour le même lieu la hauteur du soleil à dix heures du matin, amenez le 20e degré du Bélier sous le méridien, et le style à 12 heures; tournez le globe vers l'orient jusqu'à ce que le style marque 10 heures; la chape du vertical étant au zénith, amenez le vertical sur le lieu du soleil; l'arc compris entre ce lieu et l'horizon sera la hauteur apparente du soleil à 10 heures du matin, le 10 avril. Vous trouverez cet arc de 42°.

USAGE XVI.

Trouver les lieux de la terre qui peuvent avoir le soleil à leur zénith, et connaître les jours où cela doit arriver.

Tous les lieux qui ont moins de 23° 28′ de latitude (plus grande déclinaison), ont le soleil verticalement deux fois l'année. Ainsi, prenant à volonté un lieu qui ait une latitude moindre, par exemple, Mexico, ville de l'Amérique septentrionale, la table vous indique la latitude de 19° 25 55″; amenez Mexico à sa latitude et sous le méridien; faites tourner le globe, et voyez quels sont les deux points de l'écliptique qui passent au même endroit du méridien; les jours où le soleil est dans l'un de ces points sont ceux où il paraît au zénith à l'instant du midi; l'un de ces deux jours est avant et l'autre après le solstice d'été, la déclinaison du soleil étant, dans ces deux jours, égale à la latitude du lieu.

Par le même procédé vous trouverez, pour chaque jour de l'année, quels lieux ont le soleil au zénith; car, ayant amené sous le méridien le point de l'écliptique où est le soleil ce jour-là, vous verrez sa déclinaison; et tous les lieux ayant une latitude égale à cette déclinaison auront le soleil vertical pendant le cours de la journée; tous les points de la terre qui passeront sous le point du méridien auquel le lieu du soleil répondait en passant par ce méridien, sont les points cherchés.

USAGE XVII.

Trouver pour chaque jour de l'année quels sont les pays où le soleil ne se couche point.

Remarquez le point de l'écliptique où est le soleil au jour donné, et la déclinaison de ce point sera le complément à 90° de la latitude des pays cherchés. Par exemple, le 11 mai, qui répond au 21e degré du Taureau, le soleil a 18° de déclinaison, et les pays qui ont 72° de latitude voient le centre de cet astre raser l'horizon. En effet, le soleil étant à 18° de l'équateur, il est à 72° du pôle, c'est-à-dire aussi éloigné du pôle que le pôle est élevé au-dessus de l'horizon; donc, à minuit, il doit être sous le pôle et dans l'horizon même. Tous les jours suivants, il restera sur l'horizon, et ne se couchera plus jusqu'au 1er août, puisqu'il s'éloignera de plus en plus de l'équateur, et qu'il rasera de nouveau l'horizon de ce lieu-là en se rapprochant de l'équateur. Par la même raison, le premier jour où le soleil a une déclinaison australe égale à 18°, ou au complément de la latitude boréale des mêmes pays, il ne se lève plus, et c'est le dernier jour où il paraît sur l'horizon, ce qui arrive au delà de 66° 30′ de latitude, aux environs du solstice d'hiver, mais aussi l'on y voit le soleil pendant les 24 heures entières du solstice d'été.

C'est le 13 novembre que le soleil disparaît jusqu'au 28 janvier suivant, que le centre de cet astre commence à se montrer dans l'horizon à midi, étant parvenu à 18° de déclinaison australe ou méridionale.

USAGE XVIII.

Connaître le nombre de jours que le soleil est sur l'horizon dans les pays situés dans la zone glaciale, depuis 66° 30′ de latitude jusqu'au pôle.

Les pays situés dans cette zone ont le soleil sur l'horizon pendant un nombre de jours qui est plus grand à mesure que la latitude augmente. Pour connaître ce nombre à chaque latitude, élevez le pôle de la quantité qui convient à cette latitude; faites tourner le globe, en tenant un crayon dans l'horizon au point du nord; ce crayon tracera un parallèle à l'équateur qui coupera l'écliptique en deux points, et y fera deux segments; le plus petit indiquera l'arc de l'écliptique décrit par le soleil pendant tout le temps qu'il sera sans se coucher, ou sans toucher l'horizon du lieu donné.

Les deux points marqués sur l'écliptique par cette opération sont ceux où se trouvait le soleil quand il passait précisément à l'horizon, du côté du nord, ou quand sa déclinaison était égale au complément de la hauteur du pôle; ainsi, dans tous les points de l'écliptique situés à une plus grande déclinaison, il n'y aura point de coucher du soleil pour le lieu proposé.

Si vous placez le crayon dans le point opposé de l'horizon, c'est-à-dire du côté du midi, il tracera un autre parallèle, qui, coupant aussi l'écliptique en deux points egalement éloignés du solstice d'hiver, vous indiquera la route que le soleil doit suivre sans se lever et sans paraître sur l'horizon du lieu proposé; et ce nombre de degrés vous fera connaître le nombre de jours, en regardant sur l'horizon le cercle des mois, où les jours de chaque mois sont marqués par des degrés vis-à-vis des degrés correspondants de l'écliptique.

USAGE XIX.

Trouver l'heure du commencement, de la durée et de la fin du crépuscule pour un lieu proposé, el que Paris, *au temps des équinoxes.*

Supposons le soleil au premier degré de la Balance, Paris étant à sa latitude 49°; placez le premier degré sous le méridien, le style horaire sur 12 heures ou midi, et le vertical au zénith du lieu; tournez le globe et le vertical ensemble d'occident en orient, en sorte que le 1er et le 18e degré de hauteur se correspondent; regardez ensuite l'heure indiquée par le style, vous trouverez 4 heures 8 minutes pour le point du jour;

retranchez cette quantité de 6 heures, lever du soleil, le reste sera 1 heure 52 minutes pour la durée du crépuscule, tant du matin que du soir. Si, à l'heure du coucher, qui est aussi de 6 heures, vous ajoutez 1 heure 52 minutes, durée du crépuscule, vous aurez 7 heures 52 minutes pour la fin du crépuscule.

Souvenez-vous que la détermination crépusculaire est de 18° au-dessous de l'horizon, et que, quand on opère avec le vertical, ou le quart de cercle, on le suppose fixé au zénith du lieu; ainsi, dans cet exemple, il doit être au 49e degré de latitude.

USAGE XX.

Trouver en quel temps de l'année arrive le plus court crépuscule, par exemple, à Paris.

Des 18° du vertical qui servent pour les crépuscules, placez le 9e sur Paris, puis avancez ou reculez la chape jusqu'à ce que le vertical coupe perpendiculairement le méridien de cette ville; alors la déclinaison du soleil, marquée par cette chape sur le méridien fixe, sera de 9° environ, ce qui répond au 10ᵉ degré des Poissons et au 19ᵉ degré de la Balance, c'est-à-dire à la fin de février, et au 12 octobre, temps où arrivent les plus courts crépuscules à Paris.

USAGE XXI.

Trouver combien de temps on est sans nuit close dans certains lieux.

Depuis l'équateur jusqu'à la latitude 48° 30', les 24 heures du jour naturel sont partagées en jour tant solaire que crépusculaire et nuit close; mais depuis cette latitude jusqu'au cercle polaire, il est un temps où il n'y a point de nuit close, c'est-à-dire que les crépuscules du matin et du soir se confondent.

Pour trouver combien de temps on est sans nuit close dans une ville située au delà de cette latitude, par exemple, à Londres, qui est à 51° 31', placez le méridien opposé à celui de cette ville, c'est-à-dire le cercle de minuit, sous le méridien fixe; le globe en cet état, faites agir la chape du vertical dans le méridien fixe, jusqu'à ce que le 18e degré crépusculaire soit précisément sur la position de cette ville; alors les degrés comptés sur le méridien depuis o jusqu'à la chape, vous feront connaître la déclinaison du soleil, qui se trouvera de 20° environ. Or cette déclinaison convient au 22 mai et au 21 juillet, ce qui donne un espace de 60 jours, pendant lesquels Londres est sans nuit close.

USAGE XXII.

Trouver sur le globe la position de tous les lieux à l'égard d'un lieu particulier.

De toutes les manières de voir le globe, la plus importante est de le considérer, 1° sous son rapport avec les quatre points cardinaux, le nord, le midi, l'orient et l'occident; 2° de distinguer toutes les régions qu'il présente avec leurs situations respectives. La France est à l'occident de l'Allemagne et en même temps au midi des Iles Britanniques; l'Allemagne est à l'occident de la Pologne et à l'orient de la France, et au nord à l'égard de l'Italie.

Vous distinguez donc les régions situées entre ces quatre points cardinaux; l'Espagne au midi de la France, considérée par rapport au midi, est aussi à l'occident, ayant égard à l'occident. Mais comme l'Espagne n'est pas précisément au midi ni à l'occident de la France, étant située à son égard entre les points du midi et de l'occident, vous direz que l'Espagne est au sud-ouest de la France, et que la France au contraire est au nord-est de l'Espagne.

Pour bien connaître sur le globe la situation des lieux par rapport à ces mêmes points cardinaux, il faut savoir que l'équateur et les cercles de latitude qui lui sont parallèles marquent précisément tous les lieux qui sont à l'orient et à l'occident les uns des autres, et que les méridiens vous indiquent ceux qui sont au nord et au midi les uns à l'égard des autres. Ainsi tous les lieux situés sur l'équateur, ou dans l'un de ses parallèles, sont orientaux et occidentaux entre eux, et ceux placés sous un même méridien sont septentrionaux et méridionaux les uns aux autres. Tous les autres déclinent de ces quatre points cardinaux, selon leur plus ou moins grand éloignement.

Voilà pourquoi le plan de l'horizon est divisé en 32 parties égales, qui représentent les 32 vents en usage dans la navigation, avec les noms que leur ont donnés les pilotes des différentes nations.

Pour trouver la situation de tous les lieux à l'égard d'un lieu particulier, comme Paris, placez Paris et la chape du vertical au zénith du globe; conduisez le vertical à l'orient, de manière que son extrémité réponde au point de l'orient dans l'horizon; alors, toutes les régions sur lesquelles il passe sont à l'orient de cette ville, et, par le moyen des degrés marqués sur ce quart de cercle, vous connaîtrez tous les lieux qui en sont également éloignés, en le menant autour de l'horizon, et remarquant les lieux qui se rencontrent au même degré 49.

USAGE XXIII.

Trouver l'heure qu'il est par toute la terre, à une heure donnée en un lieu proposé.

Supposons 8 heures du matin à Paris; Paris étant à sa latitude, sous le méridien, et le style horaire sur 8 heures du matin, tournez le globe vers l'occident, si les lieux sont à l'orient, et les faisant passer successivement sous le méridien, remarquez l'heure indiquée par le style pour chacun d'eux en particulier; elle sera l'heure du lieu qui se trouve sous le méridien. Vous verrez que, quand il est 8 heures du matin à Paris, il est près de 9 heures à Rome, environ 10 heures 15 minutes à Constantinople, 10 heures 30 minutes au Kaire, etc.

Mais si les lieux sont occidentaux, placez le style horaire sur 8 heures du soir; tournez le globe vers l'orient, remarquant l'heure indiquée pour chaque lieu qui arrive sous le méridien; vous verrez que, quand il est 8 heures du matin à Paris, il n'est que 7 heures du matin à Lisbonne, environ 6 heures 45 minutes au cap Vert, 2 heures 15 minutes après minuit à Quebec, minuit à Mexico, etc.

USAGE XXIV.

*Trouver le jour et l'heure qu'il est à **Paris**, dans le temps qu'il est midi à Goa, sur la côte occidentale de la presqu'île de l'Inde.*

Placez Goa sous le méridien, Paris restant à sa latitude; vous verrez que celle de Goa est de 15° 31', qu'il faut prendre pour la déclinaison boréale du soleil, à laquelle répondent le 10ᵉ degré du Taureau, le 20ᵉ degré du Lion, qui sont les lieux du soleil au 30 avril et au 12 août; tournez le globe vers l'orient jusqu'à ce que Paris soit sous le méridien, le style vous marquera 7 heures 37 minutes du matin; de sorte que le 30 avril et le 12 août, au même temps qu'il est 7 heures 37 minutes du matin à Paris, il est midi à Goa, et le soleil est à son zénith.

USAGE XXV.

Trouver le méridien ou la longitude d'un lieu où il est 7 heures 30 minutes du soir quand il est 11 *heures du matin, par exemple à* Pékin, *capitale de la Chine.*

Amenez Pékin sous le méridien et le style horaire sur 11 heures du matin; tournez le globe vers l'occident, jusqu'à ce que le style soit sur 7 heures 30 minutes du soir; le degré de l'équateur que vous voyez sous le méridien est le 88e degré de longitude occidentale, sous lequel se rencontre le Nouveau-Mexique, dont Santa-Fé est la capitale, dans l'Amérique Septentrionale, où il est 7 heures 30 minutes du soir quand il est 11 heures du matin à Pékin.

Si les 7 heures 30 minutes sont pour le matin, tournez le globe vers l'orient, jusqu'à ce que le style soit à 7 heures 30 minutes du matin; alors vous aurez sous le méridien le 84e degré de longitude orientale, sous lequel il est 7 heures 30 minutes du matin quand il en est 11 à Pékin.

USAGE XXVI.

Trouver en quel jour et en quel mois le soleil se lève et se couche au même temps en deux villes proposées.

Haussez ou baissez le pôle jusqu'à ce que les deux villes soient dans l'horizon oriental, pour avoir le temps du coucher. Remarquez la hauteur du pôle, que vous prendrez pour la déclinaison septentrionale du soleil; cherchez le jour et le mois qui conviennent à cette déclinaison, vous verrez que cet astre se couche au même temps à Paris et à Carthagène, ville de Murcie en Espagne, le 9 mai et le 1er août.

Pour le lever, prenez la même hauteur du pôle pour la déclinaison méridionale, avec laquelle vous aurez les deux jours et les deux mois correspondants à cette déclinaison; vous trouverez les 11 novembre et 30 janvier, jours où le soleil se lève en même temps dans ces deux villes.

La proposition serait impossible à résoudre si la hauteur du pôle, à laquelle la déclinaison doit être égale, était plus grande que la plus grande déclinaison du soleil. Par cette raison, Rome et Paris ne peuvent voir, au même temps, le lever et le coucher du soleil.

USAGE XXVII.

Trouver de combien sera la durée du jour pour un lieu situé à 23° 28′ au-dessus de l'équateur, c'est-à-dire sous le tropique du Cancer.

Prenons pour exemple Syenne ou Asuan en Égypte. Placez cette ville à l'horizon vers l'occident, et le style sur 12 heures ou minuit, au bas du cercle horaire; menez ensuite Asuan à l'horizon vers l'orient : le style vous marquera 14 heures. Elle décrira un cercle parallèle à l'équateur, et le 22 juin, c'est-à-dire lorsque le soleil entre dans le premier degré du Cancer, elle le verra passer à son zénith dans un sens contraire.

Un simple cercle cc (*voyez* la figure), en vous donnant la mesure des arcs diurnes, peut vous tenir lieu de globe. Partagez chacun des parallèles qui le traversent, en 12

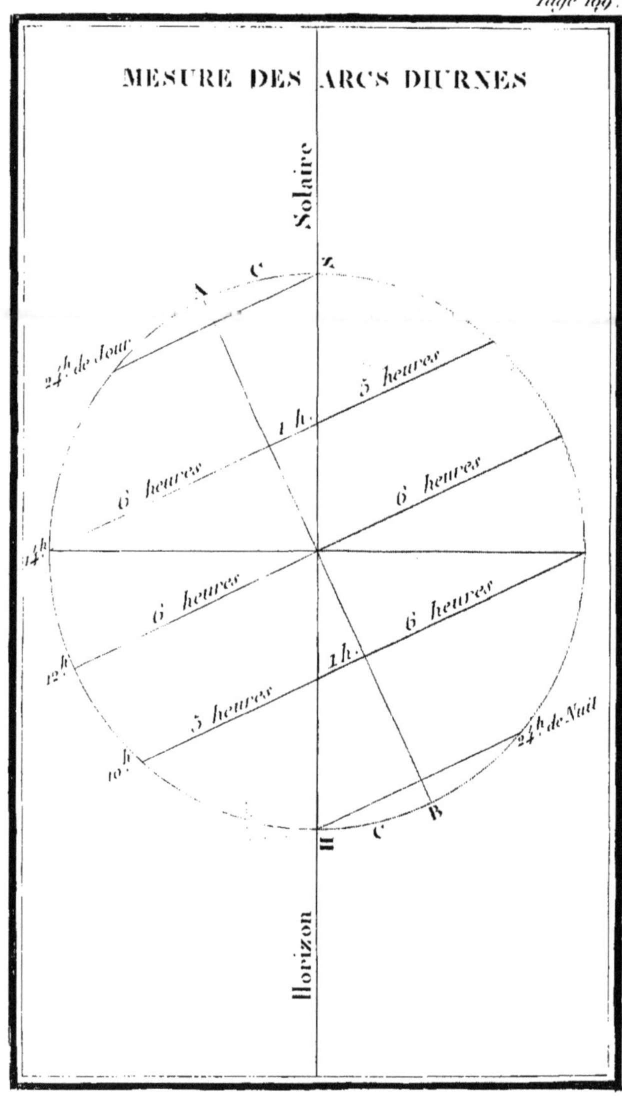
MESURE DES ARCS DIURNES
Solaire
Z
C
A
24h de Jour
5 heures
1 h.
6 heures
6 heures
14h
6 heures
6 heures
12h
1h.
5 heures
24h de Nuit
10h
B
C
H
Horizon

parties égales, pour représenter les 12 heures, ou la moitié de la révolution journalière.

Depuis le point marqué 14, où est situé Asuan, jusqu'à l'axe A, vous avez six parties ou 6 heures. Depuis cet axe jusqu'à l'autre axe B, vous comptez encore 6 heures; mais de ces six dernières heures il faut retrancher ce qui est sous l'horizon solaire, puisque ce qui est dans l'obscurité est la nuit, et peut valoir environ 5 heures. Reste l'angle formé par l'axe A et l'horizon solaire HS, qui donne encore 1 heure de jour qu'il faut ajouter aux 6 autres. Mais vous ne voyez dans ce cercle que la moitié de la révolution; il faut donc doubler cette somme, et vous aurez pour Asuan 14 heures de jour et 10 heures de nuit. Cette méthode peut vous servir de règle pour tous les autres points, et s'appliquer au progrès du jour et de la nuit dans l'hémisphère méridional. Il en résulte la preuve que l'inégalité des saisons et des jours, en un mot, toutes les variations du ciel, sont une suite du transport annuel de la terre autour du soleil, et de sa révolution en 24 heures sur son axe invariablement dirigé vers le nord.

USAGE XXVIII.

Trouver sous quel degré de latitude est situé chaque climat.

Outre les zones, les géographes divisent encore la surface de la terre en cercles parallèles à l'équateur. On appelle *climats* les espaces compris entre ces cercles. Il y a deux sortes de climats, les uns de demi-heure et les autres de mois.

Les climats de demi-heure sont ceux dans lesquels le jour le plus long est plus grand d'une demi-heure ou de plusieurs, que sous l'équateur. Le jour sous l'équateur est de 12 heures; ainsi le parallèle sous lequel le plus long jour sera de 12 heures et demie terminera le premier climat; de même sous un autre parallèle plus éloigné de l'équateur, le jour le plus long étant de 13 heures, l'espace compris entre le premier et le second parallèle sera le second climat. Il est aisé de voir que notre plus long jour étant de 16 heures, et par conséquent de

4 heures ou de 8 demi-heures plus long que sous l'équateur; il est, dis-je, aisé de voir que nous sommes placés à la fin du huitième climat. Sous le cercle polaire, le jour le plus long est de 24 heures, le cercle polaire est donc le terme du vingt-quatrième climat.

On compte 48 climats de demi-heure, dont 24 se trouvent dans la partie septentrionale de la terre, et les 24 autres dans la partie méridionale.

Au delà des cercles polaires, en allant aux pôles, les jours augmentent par mois. Les climats de mois sont ceux qui sont compris entre des parallèles tellement disposés qu'à la fin de chacun de ces climats les jours sont plus longs d'un ou de plusieurs mois; et comme sous le pôle le jour dure six mois, il faut en conclure qu'il y a six climats de mois, depuis les cercles polaires jusqu'aux pôles. Ainsi, on doit compter douze climats de mois, six dans la partie septentrionale de la terre, et six dans sa partie méridionale.

Les climats, soit ceux de demi-heure, soit

ceux de mois, n'ont pas la même largeur. Plus les climats de demi-heure sont près de l'équateur, plus ils sont larges; au contraire, les climats de mois sont d'autant plus larges qu'ils s'approchent davantage des pôles.

Pour comprendre pourquoi les climats de demi-heure sont d'autant plus larges qu'ils sont plus voisins de l'équateur, il faut observer 1° que le jour le plus long pour nous arrive quand le soleil décrit le tropique du Cancer, et que ce jour est d'autant plus long que l'arc du tropique compris au-dessus de l'horizon est plus grand; 2° que le soleil, par son mouvement diurne, parcourt, pendant chaque heure, un arc de 15° ou 7° 30′ en une demi-heure. Ainsi, pour que le jour le plus long de l'année soit plus grand d'une demi-heure que sous l'équateur, il faut que l'arc diurne du tropique soit de 7° 30′ plus grand que l'arc diurne de l'équateur, qui est toujours de 180°; 3° il faut observer que la hauteur du pôle étant égale à la latitude, la hauteur du pôle augmente comme sa latitude.

D'après ces principes, supposons d'abord quelqu'un sous l'équateur, et qu'il s'avance ensuite jusqu'à ce qu'il arrive sous le parallèle où le jour le plus long sera de 12 heures et demie. Il faudra qu'il marche jusqu'à ce que le pôle visible soit élevé au-dessus de l'horizon de la quantité nécessaire pour que l'arc diurne du tropique soit de 187° 30′. Supposons que le même observateur s'avance encore jusqu'à ce qu'il parvienne sous le parallèle où le jour le plus long sera de 13 heures, il faudra qu'il aille vers le pôle jusqu'à ce que le pôle soit élevé de la quantité nécessaire pour que l'arc diurne du tropique soit de 195°. Or, l'espace à parcourir, dans cette seconde supposition, sera moindre, c'est-à-dire moins large que dans le premier cas, parce qu'il faudra une moindre élévation au pôle. Il faut raisonner de même sur la largeur de tous les autres climats de demi-heure, depuis l'équateur jusqu'au cercle polaire.

De même, pour comprendre pourquoi les climats de mois sont d'autant plus larges qu'ils sont plus voisins des pôles, il faut remarquer que quand le pôle visible est élevé de 66° 30′, il y a un degré de l'écliptique qui reste toujours au-dessus de l'horizon; conséquemment, lorsque le Soleil sera dans ce degré, il restera sur l'horizon pendant 24 heures, parce qu'il parcourt environ un degré de l'écliptique chaque jour. Or, ceux qui habitent sous le cercle polaire ont le pôle élevé de 66° 30′; donc leur plus long jour sera de 24 heures. Cela posé, si quelqu'un placé sous le cercle polaire veut trouver le parallèle sous lequel le jour le plus long sera d'un mois, il faudra qu'il s'avance vers le pôle visible jusqu'à ce qu'il soit assez élevé pour que l'arc de l'écliptique qui ne descendra pas sous l'horizon soit de 30°. Il faudra pour cela que le pôle soit plus élevé de 51′ qu'il ne l'est sous le cercle polaire. Si le même observateur veut trouver l'autre parallèle sous lequel le jour le plus long sera de deux mois, il faudra qu'il s'avance encore vers le pôle, jusqu'à ce qu'il soit assez élevé pour que l'arc de l'écliptique qui ne descendra pas sous l'horizon soit de 30° plus grand que sous le parallèle précédent. Il faudra dans ce second cas que le pôle soit élevé d'un peu plus de 1° 30′; or, l'espace qu'il faudra parcourir sera plus grand que celui qui sera nécessaire pour parvenir du cercle polaire au premier parallèle, sur lequel le jour le plus long ne sera que d'un mois, parce qu'il faudra une plus grande élévation au pôle. Il faut raisonner de même pour tous les autres climats de mois, depuis le cercle polaire, jusqu'au pôle, où le jour le plus long est de six mois.

CLIMATS ENTRE L'ÉQUATEUR ET LES CERCLES POLAIRES.

CLIMATS.	Le plus long jour.	LATITUDE D. M.	LARGEUR D. M.	CLIMATS.	Le plus long jour.	LATITUDE D. M.	LARGEUR D. M.
1	12h ½	8° 34′	8° 34′	13	18h ½	60° 0′	1° 33′
2	13	16 44	8 10	14	19	61 19	1 19
3	13 ½	24 12	7 28	15	19 ½	62 26	1 7
4	14	30 48	6 36	16	20	63 23	0 57
5	14 ½	36 31	5 43	17	20 ½	64 10	0 47
6	15	41 24	4 53	18	21	64 50	0 40
7	15 ½	45 32	4 8	19	21 ½	65 22	0 32
8	16	49 2	3 30	20	22	65 48	0 26
9	16 ½	52 0	2 58	21	22 ½	66 7	0 19
10	17	54 30	2 30	22	23	66 21	0 14
11	17 ½	56 38	2 8	23	23 ½	66 29	0 8
12	18	58 27	1 49	24	24	66 32	0 3

CLIMATS ENTRE LES CERCLES POLAIRES ET LES POLES.

LONGUEUR DES JOURS.	LATITUDE.	LONGUEUR DES JOURS.	LATITUDE.
Mois.	D. M.	Mois.	D. M.
1	67° 17′	4	78° 2′
2	69 39	5	83 20
3	74 18	6	90 0

Il s'agit à présent de trouver, par le moyen du globe, sur quel degré de latitude est situé chaque climat; ce qui est aisé en connaissant le plus long jour qui convient à chacun. Supposons le 10ᵉ climat; prenez la moitié, qui est 5, laquelle ajoutée à 12 heures, vous donnera 17 heures, qui sont la durée du plus long jour de la fin du 10ᵉ climat, ou du commencement du 11ᵉ. Ainsi le plus long jour étant connu pour chaque climat, mettez le 1ᵉʳ degré du Cancer sous le méridien et le style horaire sur 12 heures, puis tournez le globe vers l'occident, jusqu'à ce que le Soleil ait parcouru les heures de la moitié du plus long jour; dans cette position, élevez ou abaissez le pôle, en sorte que le 1er degré du Cancer parvienne à l'horizon vers l'orient; comptez ensuite les degrés du méridien compris entre le pôle et l'horizon, vous aurez la latitude du climat. Vous savez que le plus long jour du 8e climat est de 16 heures, vous trouverez que sa latitude est d'environ 49°.

USAGE XXIX.

Trouver l'étendue de chaque climat d'heure.

Connaissant les hauteurs du pôle qui conviennent à chaque climat, vous aurez leur étendue en prenant la différence de ces hauteurs, laquelle sera d'un nombre de degrés, qui, multipliés par 25, vous donneront en lieues l'étendue de chaque climat : vous trouverez, par exemple, que celle du 7e au 8e est de 3° 32′.

USAGE XXX.

Trouver en quel climat d'heure et en quel parallèle est située une ville proposée, comme Paris.

Cherchez, suivant l'Usage XXVII, le plus

long jour à Paris; il est de 16 heures; soustraction faite de 12, restent 4 heures, lesquelles doublées donnent 8 heures pour le nombre du climat d'heure de cette ville; d'où il suit qu'elle est à la fin du huitième climat, ou au commencement du neuvième. Mais si vous doublez 8, le nombre 16 vous indique que Paris est à la fin du seizième climat de demi-heure, ou au commencement du dix-septième.

Il est un moyen bien simple encore d'avoir le climat d'un lieu par le nombre des climats marqués sur le méridien fixe. Comptez les degrés de latitude de ce lieu, et remarquez vis-à-vis du degré qui la termine quel est le nombre du climat; vous verrez qu'il y a huit climats complets entre l'équateur et le 49e degré, latitude de Paris.

USAGE XXXI.

Connaître l'étendue des climats de mois, et la cause de leur inégalité.

Chaque climat de mois étant de 30 jours, il est évident qu'il en faut six dans chacune des zones froides, depuis les cercles polaires jusqu'aux pôles. Mais ces climats ne sont autre chose que les déclinaisons du Soleil, comptées des pôles aux cercles polaires, comme on les compte de l'équateur aux tropiques. Sous le cercle polaire, le plus long jour est de 24 heures; sous le pôle, il est de 180 jours ou de 6 mois. Vous voyez aisément que l'étendue de ces climats est inégale, que celle des premiers est plus petite que celle des derniers. La cause de cette inégalité vient, comme je vous l'ai déjà annoncé, de la différence de la déclinaison du Soleil, différence qui, étant plus petite vers les tropiques que vers l'équateur, fait qu'il y a moins de variations dans la hauteur du pôle ou dans la latitude des premiers que des derniers. En effet, la différence de déclinaison, prise vers un tropique, correspondante à 30 jours, n'est que de 28′, tandis que celle qui est vers l'équateur est de 5° 50′; il faut élever le pôle seulement de 28′ pour faire la variation du premier climat de mois, et l'élever de 5° 50′ pour faire celle du dernier, dont la fin est le pôle même.

USAGE XXXII.

Étant donné le plus long jour de quelque lieu dans les zones froides, trouver le climat où ce lieu est situé.

Supposons ce plus long jour de trois mois, réduisez les mois en jours, en les multipliant par 30, vous aurez 90 jours; ce dernier nombre, divisé par 15, vous donnera le quotient 6, qui est le climat où le plus long jour est de 90 jours ou de trois mois.

USAGE XXXIII.

Trouver la raison pour laquelle deux voyageurs faisant le tour du globe, l'un par l'orient et l'autre par l'occident, d'un pas égal, le premier comptera deux jours de plus que le second.

Cet effet, singulier en apparence, a causé d'abord un grand étonnement; mais il tient à une cause toute naturelle, qui devient sensible pour peu que l'on ait une juste idée du mouvement apparent du Soleil. Vous concevez que, la Terre étant ronde, le Soleil n'éclaire pas en un instant toutes ses parties. Comme cet astre tourne chaque jour de l'orient à l'occident, il se montre plus tôt aux peuples qui sont à l'orient qu'à ceux qui sont à l'occident, et comme il parcourt 15° par heure, un lieu qui est plus oriental qu'un autre de 15°, a midi une heure plus tôt. Rappelez-vous que la longitude se compte d'occident en orient, et que l'arc de l'équateur, qui établit la différence des méridiens, ou de la longitude des lieux, est la mesure de l'intervalle du temps, qui fait qu'un lieu a midi plus tôt ou plus tard. Il y a même des globes où les heures sont marquées sur l'équateur, divisé de 15° en 15°.

Cela posé, celui qui voyage vers l'orient, et qui s'avance à 15° de Paris, par exemple, à Vienne, en Autriche, compte environ une heure de plus qu'à Paris, parce qu'allant au-devant du Soleil, il le voit une heure plus tôt que nous. En continuant d'avancer ainsi vers l'orient de 15 en 15°, il gagne une heure à chaque fois, de sorte qu'après avoir parcouru les 360° du globe, il se trouve, en arrivant à Paris, avoir gagné 24 heures; il a vu le soleil se lever, passer par le méridien et se coucher une fois de plus; il compte un jour de plus que nous; il est au dimanche, tandis que nous sommes encore au samedi.

Celui qui voyage vers l'occident a le soleil une heure plus tard quand il a parcouru 15°, et successivement il compte autant de fois moins d'heures qu'il a fait plus de fois 15°. Revenant donc à Paris après le tour du monde, il compte un jour de moins; il est au samedi lorsque nous sommes au dimanche. Toute la différence ne consiste donc que dans la manière de compter de l'un et de l'autre, selon la route que l'un a prise vers l'orient, et l'autre vers l'occident.

Quand Ferdinand Magellan, Portugais, eut passé, en 1519, le détroit qui porte son nom, et qu'il fut arrivé aux Indes, il trouva dans son calcul un jour de différence avec celui des Européens qui étaient allés par l'orient; les uns et les autres s'accusaient de négligence. Mais l'étonnement a cessé quand on a connu la cause de ce mécompte. Varenius dit qu'à Macao, ville maritime de la Chine, les Portugais comptent habituellement un jour de plus que les Espagnols ne comptent aux Philippines ; les premiers sont au dimanche tandis que les seconds ne comptent que samedi, quoiqu'ils soient peu éloignés les uns des autres. Cela vient de ce que les Portugais établis à Macao y sont allés par le cap de Bonne-Espérance ou par l'orient, et que les Espagnols sont allés aux Philippines par l'occident, c'est-à-dire en partant de l'Amérique et traversant la mer du Sud.

François Drak, Anglais, étant parti en 1577, fit en trois ans le tour du monde. Le 3 novembre 1580, après un heureux voyage, il entra dans la rade de Plymouth, où il s'aperçut qu'en faisant le tour du globe, de l'ouest à l'est, il avait perdu un jour.

USAGE XXXIV.

Connaître la grandeur et la figure de la terre, et savoir pourquoi la lieue est de 2,283 toises.

La hauteur méridienne du Soleil en différents pays, un vaisseau vu de loin en pleine mer et disparaissant insensiblement, l'ombre de la Terre toujours arrondie dans les éclipses de lune, sont des preuves qui constatent sa courbure et sa rondeur, et, en la supposant sphérique, un degré mesuré suffirait pour connaître sa grandeur. Mais si cette Terre n'est pas ronde, si, dans une partie de sa circonférence, elle est plus convexe que dans une autre, les 360° doivent différer entre eux. Pour s'en assurer, une compagnie savante songea, en 1683, à se procurer la mesure de plusieurs degrés sous différentes latitudes, afin de voir si les degrés étaient égaux, comme ils devaient l'être, en admettant la sphéricité de la Terre. Chacun s'en occupa; on voyagea au nord et au sud, et l'on disputa sur les inégalités des degrés jusqu'en 1736. Enfin, Maupertuis représenta qu'on déterminerait avec une précision bien plus grande l'inégalité des degrés, et conséquemment la figure de la Terre, si l'on mesurait un degré dans le nord, le plus loin possible de l'équateur. Son avis fut écouté; et ce savant, accompagné de plusieurs astronomes, partit, en 1736, pour la Suède, et arriva à Tornéo vers la fin de l'hiver. Le 13 novembre de l'année suivante, il rapporta la preuve que le degré du méridien qui coupe le cercle polaire est de 57 422 toises, c'est-à-dire plus grand de 353 toises que celui mesuré de Paris à Amiens, dont la latitude est plus avancée d'un degré vers le nord que celle de Paris, et que Picard n'avait trouvé que de 57 069 toises. Cette augmentation dans le degré du nord forma dès lors une démonstration complète de l'aplatissement de la Terre; car la Terre étant aplatie vers les pôles, l'arc d'un degré doit avoir plus de longueur, et renfermer un plus grand nombre de toises à mesure que l'on approche des pôles, où l'aplatissement est le plus grand.

Comme 57 069 toises donnent la longueur d'un degré juste, on est convenu assez généralement d'appeler une lieue la 25e partie de ce degré; la lieue est donc de 2 283 toises; en sorte qu'un degré de la Terre, ou la 360e partie de toute sa circonférence, a 25 lieues d'étendue, et que la circonférence entière est de 9 000 lieues; car 360, multipliés par 25, donnent 9 000.

Les lieues marines sont de 20 au degré, ou de 2 853 toises; on les compte ainsi sur mer, pour que 3 minutes, qui sont trois mille marins d'Angleterre et d'Italie, fassent une lieue marine de France, et que les navigateurs de toutes les nations puissent s'entendre plus aisément.

USAGE XXXV.

Connaître la juste route qu'il faut tenir pour aller d'un lieu à un autre.

Placez le lieu du départ et la chape du vertical au zénith; ensuite conduisez le vertical sur le lieu où vous voulez aller; considérez tous les lieux sur lesquels il passe, ils sont dans le chemin droit qui mène au lieu proposé. En voyageant de cette manière, vous décrivez l'arc d'un grand cercle.

Il serait facile, mais inutile sans doute, de vous donner une plus longue suite d'usages ou de problèmes, dont la solution dépendrait de la connaissance de ceux-ci, qui en sont pour ainsi dire la clef. Au reste, vous pouvez consulter la Géographie uni-

GÉO-CYCLIQUE

AB *Plateau parallèle à l'Ecliptique terrestre :*
S *Boule dorée représentant le* Soleil.
T *La* Terre.
L *La* Lune.
e f. *Horizon ou cercle terminateur de l'ombre et de la lumière .*
a b c. *Bande circulaire divisée en 12 signes avec les mois correspondans.*
r s. *Rayon solaire décrivant l'Ecliptique terrestre .*

verselle de Varenius. Cet ouvrage renferme beaucoup de problèmes géographiques.

CHAPITRE VII.

DESCRIPTION DE LA GÉOCYCLIQUE.

Cette machine, dont le nom dérive de deux mots grecs, qui signifient *terre* et *révolution,* c'est-à-dire *révolution de la terre,* est supportée par un plateau monté sur un pied.

La bande circulaire qui tient à ce plateau servant d'horizon, renferme trois cercles, dont le premier, partagé en douze parties égales de 30° chacune, que l'on appelle un *signe,* donne la division graduée de l'écliptique; chaque signe est indiqué par son caractère et son nom. Comme la Terre parcourt chacun de ces signes dans l'espace d'environ 30 jours, le second cercle donne la division des mois qui correspondent aux signes, et le rapport du degré d'un signe avec le jour d'un mois; dans le troisième cercle sont les quatre points cardinaux, l'*est,* l'*ouest,* le *nord* et le *sud,* distants entre eux de 90°; les noms intermédiaires marquent leurs différentes sections ou rumbs.

Une boule dorée, placée au centre, représente le Soleil; l'aiguille qui de cette boule se prolonge et aboutit à la surface du globe terrestre, est le *rayon solaire.*

Le globe terrestre, ou la terre, tournant sur son axe incliné de 23° 28′, s'appuie sur une tige courbée de manière qu'elle en maintient le parallélisme, et cette tige, fixée au centre d'une roue mouvante, communique à l'axe l'impulsion. Deux branches, élevées sur une base commune, s'arrondissent à la hauteur du pôle antarctique pour former un cercle appelé *cercle terminateur de la lumière et de l'ombre*, ou *horizon du soleil,* parce que, coupant le globe en deux parties égales, la partie qui regarde le soleil est dans la lumière, et que l'autre partie est dans l'ombre.

A l'extrémité de la cage, où reposent les

trois roues, est un pignon traversé par une colonne qui porte dans le haut un second pignon rencontrant une moyenne roue soutenue par une barrette adaptée au cercle terminateur. Sur ce même cercle se trouve un troisième pignon qui engrène cette même roue et imprime le mouvement à la lune suspendue à une branche de cuivre recourbée en équerre.

Le tout porte sur une alidade dont le pivot est le même que celui du soleil, et d'une roue fixe, qui engrène les deux autres de même diamètre. C'est par la combinaison de ces engrenages que la géocyclique, simple en elle-même, rend compte des mouvements de la terre et des révolutions de la lune.

DES RÉVOLUTIONS APPARENTES DU SOLEIL ET DES ASTRES, SUIVANT LE SYSTÈME DE COPERNIC.

Du mouvement diurne.

Il suffit que l'habitant de la terre tourne, sans s'en apercevoir, autour de l'axe d'occident en orient, pour que tous les astres lui paraissent rouler d'orient en occident; il rapporte au soleil le mouvement qui n'est réel que pour la terre.

Mais à la vue de cette concavité immense du ciel, remplie d'une multitude innombrable d'étoiles, toutes à des distances prodigieuses; de planètes, qui toutes ont des mouvements contraires à ce mouvement journalier; considérant la petitesse de la terre en comparaison de ces énormes distances, il est impossible d'imaginer que tous ces corps puissent tourner à la fois d'un mouvement commun, régulier et constant, en 24 heures, autour d'un atome tel que la terre. Comment concevoir la vitesse de leur mouvement, lorsque, suivant la distance de la Terre aux planètes, le Soleil ferait, en une heure, 8 250 000 lieues, et près de 2 300 dans l'espace d'une seconde? Saturne, dix fois plus éloigné de la Terre que le Soleil, ferait aussi dix fois plus de chemin. Quel serait donc le mouvement des étoiles qui brillent dans les environs de l'équateur? Comment serait-il possible que ce vaste ensemble se conciliât pour tourner chaque jour, et comme d'une seule pièce, autour d'un axe qui lui-même change de place, tandis que la Terre resterait immobile au milieu de la sphère céleste si extraordinairement agitée ?

Cette égalité constante dans le mouvement de tant de corps, si inégaux d'ailleurs à tous égards, a dû seule indiquer aux hommes éclairés que ces mouvements n'étaient qu'apparents : cette même égalité est une preuve physique de la rotation diurne de la Terre, preuve appuyée sur la figure aplatie de la Terre elle-même, sur l'aberration des étoiles et sur tous les phénomènes qui attestent l'attraction générale des corps célestes, en vertu d'une loi qui ne saurait subsister sans ce mouvement, qui est le fondement de toute l'astronomie.

Du mouvement annuel.

Après le mouvement diurne de la terre sur son axe, le mouvement annuel est un des phénomènes qu'il importe le plus de connaître, puisque de lui dépendent la différence des saisons, les chaleurs de l'été, les froids de l'hiver, la longueur des jours et des nuits, si variée dans le cours d'une année.

Par ce mouvement propre, que l'illusion attribue au Soleil, cet astre se rapproche, chaque jour, des étoiles qui sont plus à l'orient que lui; son mouvement se fait donc d'occident en orient environ d'un degré chaque jour, et, au bout de 365 jours, une étoile observée se reconnaît, à la même heure, au même lieu où elles s'était montrée l'année précédente, à pareil jour.

Il est évident que ce n'est pas l'étoile qui s'est approchée du Soleil, puisque toutes les étoiles se lèvent et se couchent tous les jours aux mêmes points de l'horizon, vis-à-vis des mêmes objets terrestres, et aux mêmes distances, tandis que le Soleil change continuellement les lieux de son lever, de son coucher, et sa distance aux étoiles, dans le cours apparent de sa révolution entière, que l'on appelle *mouvement annuel.* Ce mouvement, qui se fait dans l'écliptique, est indiqué par les stations et les rétrogradations des planètes, lesquelles, en admettant l'immobilité de la Terre, deviennent pour chaque planète des singularités inexplicables.

Pour combiner le mouvement annuel avec le mouvement diurne de la Terre, supposez une mouche placée à égale distance des deux pôles, elle sera forcée de tourner avec le globe, et elle décrira l'équateur. Mais tandis que le globe tourne dans un sens, elle peut aussi marcher insensiblement dans le sens opposé; alors elle imitera le mouvement annuel de la Terre, qui s'avance peu à peu d'orient en occident, pendant qu'elle tourne, chaque jour, d'occident en orient.

USAGE I.

Montrer le mouvement diurne et démontrer le mouvement annuel.

Ces notions préliminaires étant bien conçues, il s'agit de disposer la machine pour opérer. Amenez l'index de l'alidade au premier degré du Bélier, sur le cercle des signes; tournez le globe jusqu'à ce que le rayon solaire réponde au point d'intersection de l'équateur et de l'écliptique, où se trouve le premier degré du Bélier [1]; dans cette position, faites faire au globe un tour entier sur son axe d'occident en orient, vous verrez l'index décrire exactement l'équateur; c'est le mouvement diurne qui a lieu en 24 heures.

Pour le mouvement annuel, si en maintenant le rayon solaire au centre du globe, vous faites décrire à l'index les signes du Bélier, du Taureau et des Gémeaux, vous verrez le rayon solaire abandonner le point d'intersection, suivre en montant la trace de l'écliptique qu'il ne quitte jamais, et arriver à sa plus grande distance de l'équateur,

(1) Comme le Soleil, par son cours annuel dans l'écliptique, semble revenir chaque année traverser l'équateur et ramener le printemps, l'astronomie a déterminé ce point de départ, et les astronomes se sont servis, pour commencer leurs mesures, du point où arrivait ce changement, c'est-à-dire du point d'intersection de l'écliptique et de l'équateur.

qui est le commencement du Cancer; faites tourner le globe sur son axe, le rayon solaire répond au tropique du Cancer ou de l'Écrevisse.

L'index parcourant les signes du Cancer, du Lion et de la Vierge, le rayon solaire, en descendant, se rapproche successivement du point d'intersection qu'il avait quitté; le globe, tournant sur son axe, présente au rayon solaire tous les points de l'équateur, et le pôle, toujours tourné vers les signes septentrionaux, se trouve dans le plan du cercle terminateur.

L'index continuant de décrire les signes de la Balance, du Scorpion et du Sagittaire, le rayon solaire s'éloigne insensiblement pour aller gagner le tropique opposé; le globe, tournant sur lui-même, présente au rayon solaire le tropique de *Caper* ou du Capricorne. Vous avez dû remarquer que la terre a pris une nouvelle position : elle a présenté successivement au rayon solaire des points qui successivement se sont éloignés de l'équateur. Le pôle septentrional semble ne vouloir pas quitter les signes septentrionaux, et le pôle méridional s'est approché du soleil.

Observez que le cercle terminateur, l'équateur et l'axe se retrouvent dans le même rapport où ils étaient lorsque la terre occupait le premier degré du Capricorne, mais dans un sens opposé. Le pôle méridional et les parallèles de la zone froide australe sont tous dans la lumière, le pôle boréal et les parallèles de la zone froide septentrionale sont tous dans l'ombre.

Enfin l'index, après avoir parcouru les signes du Capricorne, du Verseau et des Poissons, se trouve de retour au premier degré du Bélier; la terre a fait sa révolution entière sur elle-même, puisqu'elle est dans sa première position, et que le rayon solaire répond au même point d'intersection d'où elle était partie.

USAGE II.

Prouver que c'est le mouvement de la Terre qui donne lieu au mouvement apparent du Soleil et des astres.

L'habitant de la terre est l'homme assis

sur un bateau, dont toutes les parties restent dans la même situation tant entre elles qu'à son égard, et dont l'image par conséquent ne se déplace point dans ses yeux; alors le bateau lui paraît immobile, quoiqu'il soit dans un mouvement continuel. Au contraire, cet homme voit tourner et se mouvoir les objets dont les images se déplacent et passent d'un point à l'autre de son œil à mesure que le bateau l'approche ou l'éloigne de ces objets. Par une suite nécessaire de ce mouvement des images, il aperçoit tous les objets qui répondent à son bateau, comme étant en mouvement; les arbres, le rivage s'en éloignent, tandis que c'est lui qui quitte le port.

Appliquez ici cette observation. Si, au lieu de faire tourner le Soleil, les étoiles et les planètes autour de la Terre, il a plu à l'auteur de toutes choses de faire tourner la Terre et les autres planètes autour du Soleil, le mécanisme en sera beaucoup plus simple, et les effets aussi beaux. La Terre, quoique avançant toujours sur un grand cercle autour du Soleil et des étoiles, et faisant, de 24 heures en 24 heures, une révolution entière sur elle-même, vous paraîtra immobile, parce que tous les points que vous voyez sur la terre étant toujours dans le même arrangement entre eux et à votre égard, les images qui en sont peintes dans votre œil ne se déplacent en aucun temps.

Le Soleil, au contraire, et les étoiles, quoique fixés constamment dans une même place, vous paraissent monter, descendre, selon que les images se déplacent dans votre œil, à mesure que la Terre vous en approche ou vous en éloigne.

Pour vous le prouver, remarquez que quand le rayon solaire, qui indique le mouvement apparent du soleil, répond, comme l'index, au signe du Bélier, la terre est dans la Balance, qui est le signe opposé; c'est pour cela que vous voyez le soleil dans le Bélier. La terre avance de 30° et se place dans le Scorpion; le soleil paraît avancer d'autant, et se montre dans le Taureau. Quand la terre est dans le Sagittaire, le soleil est dans les Gémeaux; enfin la terre ne peut changer de situation que le soleil ne paraisse en changer d'autant, de manière que son lieu dans l'écliptique est toujours opposé de 180°, ou de six signes à celui de la terre, qui le voit répondre lui-même à tous les points de l'écliptique ; par conséquent le mouvement annuel de la Terre doit produire le mouvement apparent du Soleil.

Supposons s le Soleil, TR l'orbite de la Terre, ♈ ♋ ♎ ♑ le cercle céleste appelé *écliptique*, dans lequel on imagine les douze signes. Le Soleil s paraît répondre en ♎, quand la Terre est en T, parce que le rayon visuel mené de la Terre au Soleil s'étend vers le signe ♎, et nous disons qu'alors le Soleil est dans la Balance ; mais si la Terre était vue du Soleil suivant le rayon s T ♈, elle paraîtrait en ♈ dans le Bélier. Le lieu de la Terre dans l'écliptique est donc toujours diamétralement opposé à celui du Soleil. Ainsi la Terre décrivant une orbite annuelle T R qui la fait répondre successivement aux signes ♈ ♋ ♎ ♑, voit le Soleil répondre lui-même à tous les points de l'écliptique ; d'où il suit que le mouvement annuel de la Terre doit donner lieu au mouvement apparent du

Soleil et des astres. (*Voir la figure* page 227.)

USAGE III.

Expliquer le changement des saisons, et les inégalités des jours et des nuits.

Le changement des saisons s'explique au moyen de l'inclinaison et du parallélisme constant de l'axe de la Terre. La meilleure raison que vous puissiez donner peut-être de cette inclinaison et de ce parallélisme, c'est que la cause intelligente qui a produit de si grands effets les a jugés nécessaires à son plan.

Copernic, expliquant le changement des saisons par le mouvement de la Terre, appelle ce parallélisme de l'axe un troisième mouvement contraire au mouvement annuel. De l'égalité de ces deux mouvements et de leur contrariété, il fait résulter la direction vers le même point du ciel. Mais ce parallélisme n'est point un mouvement particulier, s'il est une situation qui ne change point, parce qu'il n'y a aucune cause qui la fasse changer. Il suffit que l'axe ait été dirigé une fois vers un point du ciel, pour qu'il continue d'y être toujours dirigé. En supposant que la Terre, qui d'abord aurait tourné autour d'un axe immobile, soit lancée dans une direction quelconque, toutes ses parties recevant la même impulsion, acquièrent toutes des vitesses, des directions parallèles et égales; rien donc n'est changé à leur situation respective; elles conservent toutes le mouvement de rotation qu'elles avaient auparavant; chacune se meut dans la direction parallèle à celle qu'elle suivait lorsque la Terre était fixe. C'est ainsi qu'une toupie tourne sur un plan, par un mouvement de rotation qui lui a été imprimé; dans quelques positions différentes que ce plan soit placé, il n'en résulte aucune différence dans le mouvement de la toupie, et dans quelque direction qu'elle soit lancée, elle ne cessera point pour cela de tourner sur le même axe. (*Abrégé d'Astronomie*, art. 405.)

Pour connaître le changement des saisons, observez 1° que l'index de l'alidade, arrêté au 1er degré du Bélier, vous annonce que la Terre est dans le 1er degré de la Balance; qu'alors, comme semble l'exprimer ce dernier signe, les jours sont égaux aux nuits dans tous les lieux de la terre; c'est l'*équinoxe du printemps*, qui arrive le 21 mars, auquel correspond le 1er degré du Bélier, et dont jouit l'habitant de la partie septentrionale.

2° L'index, conduit et arrêté au 1er degré du Cancer, vous annonce encore que la terre est au 1er degré du Capricorne; c'est le *solstice d'été*, qui arrive le 21 juin, correspondant au 1er degré du Cancer; alors le Soleil, comme l'Écrevisse, semble reculer.

3° Menant l'index du 1er degré du Cancer au 1er degré de la Balance, la terre se transporte au 1er degré du Bélier; c'est l'*équinoxe d'automne* qui commence le 22 septembre, auquel correspond le 1er degré de la Balance.

4° Du 1er degré de la Balance conduisant l'index au 1er degré du Capricorne, la terre se trouve au 1er degré du Cancer; c'est le *solstice d'hiver*, qui arrive le 21 décembre, auquel correspond le 1er degré du Capricorne, signe qui semble vous indiquer aussi que le soleil va remonter vers l'équateur. Enfin, conduisant l'alidade au point du Bélier, la terre se retrouve au 1er point de la Balance.

D'après ces opérations, il vous est facile de rendre raison des inégalités des jours et des nuits. Vous avez vu que la Terre parcourant les douze signes dans l'espace d'une année, le Soleil paraît parcourir avec la même vitesse et dans le même temps les signes opposés; mais vous avez remarqué pourquoi, lorsqu'elle est dans le signe de la Balance, les jours sont nécessairement égaux aux nuits. Suivez-la dans sa marche, et examinez encore comment elle change de situation. Ces différentes situations, en vous donnant les différentes saisons, vous donnent aussi les inégalités des jours et des nuits.

Au premier degré du Capricorne, ou au quart de sa révolution, elle a présenté successivement au rayon solaire des points qui se sont élevés vers le septentrion. Ce rayon ne répondant plus à l'équateur, et tombant sur le tropique du Cancer, forme avec l'équateur un angle de 25° $28'$. Comme ce rayon est toujours perpendiculaire au cercle terminateur, et que l'équateur l'est toujours à l'axe de la terre, ce cercle terminateur fait aussi avec l'axe de la terre un angle de 23° $28'$; conséquemment le pôle septentrional est avancé de la même quantité en deçà du cercle terminateur vers la lumière, pendant que l'autre est éloigné de la même quantité au delà du même cercle et dans l'ombre.

Les cercles parallèles à l'équateur, compris entre les pôles et les cercles polaires, ne sont point coupés par le cercle terminateur; il y a donc un jour perpétuel pour l'habitant de la zone froide septentrionale, et une nuit continuelle pour l'habitant de la zone froide méridionale, puisque la première de ces zones est entièrement dans la lumière, et l'autre tout à fait dans l'ombre.

Les cercles parallèles à l'équateur étant coupés par le cercle terminateur, de manière que ceux de la partie septentrionale ont leur plus grand arc dans la lumière, et ceux de la partie méridionale leur plus grand arc dans l'ombre, la première doit avoir les plus grands jours, et la dernière les plus grandes nuits.

USAGE IV.

Placer la terre relativement au soleil pour tel jour que vous voudrez, par exemple le 21 juin.

La division des mois correspondant à celle des signes, vous trouverez sur le cercle des mois à quel degré répond le soleil pour tel ou tel jour. Il faut d'abord amener la terre au premier degré de la Balance, tourner ensuite le globe de manière que son pôle septentrional ou supérieur soit dirigé vers les signes septentrionaux, et que le rayon solaire réponde à l'équateur. La terre alors est bien disposée. Pour vous en assurer, faites faire au globe une révolution sur son axe; le rayon solaire décrira l'équateur. Dans cette position, la terre rapporte le soleil au premier degré du Bélier. Comme le 21 juin le soleil paraît à la terre être dans le premier degré du Cancer, amenez la terre au premier degré du Capricorne; alors l'index de l'alidade vous indiquera, derrière le soleil, le premier degré du Cancer, auquel nous le rapportons en le voyant de la terre.

Je crois que ces explications, que vous pourrez étendre, suffisent pour vous donner une juste idée de la géocyclique, qui, avec simplicité, vous démontre les révolutions apparentes du soleil et comment cet astre nous semble parcourir les signes du zodiaque;

Comment nous éprouvons successivement les quatre saisons;

Comment le soleil paraît décrire l'équateur et les tropiques de trois mois en trois mois;

Comment, en conséquence du parallélisme de l'axe de la terre, il y a deux fois équinoxe et deux fois solstice;

Comment les jours sont inégaux depuis l'équateur jusqu'aux pôles, et comment aux pôles on éprouve alternativement un jour de six mois et une nuit de même durée;

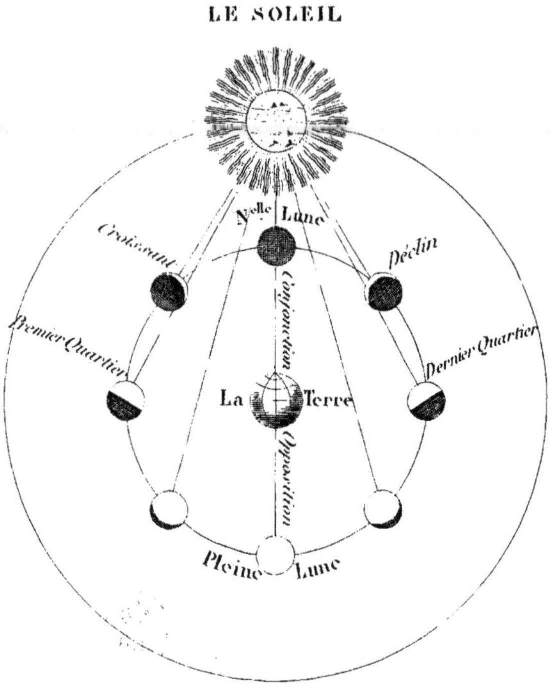

LE SOLEIL

Nelle Lune

Croissant

Déclin

Conjonction

Premier Quartier

Dernier Quartier

La Terre

Opposition

Pleine Lune

PHASES DE LA LUNE

Comment le soleil paraît pendant six mois s'élever sur notre horizon et se rapprocher de notre zénith, et s'en écarter ensuite pendant six mois;

Comment, lorsque l'habitant de la partie septentrionale a les grands jours, l'habitant de la partie méridionale a les grandes nuits.

Enfin vous pouvez voir que ce que l'on nomme la déclinaison du soleil est produit par le mouvement de l'axe incliné de la terre; ce qui fait que différents points de la surface du globe se présentent successivement au rayon solaire.

La graduation du premier méridien vous montre l'augmentation ou la diminution de la déclinaison, en observant à quels degrés de ce méridien répondent les différents parallèles à l'équateur indiqués par le rayon solaire ou la ligne des centres.

Expliquez les phases (1) *de la lune.*

La lune, représentée par le petit globe, est,

(1) φάσις, *apparitio* : ce sont les différentes apparences sous lesquelles la lune se présente à nos yeux.

après le soleil, le plus remarquable de tous les corps célestes. Chaque mois cette planète change de figure et fait le tour du ciel dans un sens contraire à celui du mouvement général; tandis que chaque jour elle paraît se lever et se coucher comme tous les autres astres, en allant d'orient en occident, elle retarde chaque jour et semble rester en arrière des étoiles, ou reculer vers l'orient d'environ 13°. Ce mouvement particulier, par lequel elle se retire peu à peu vers l'orient, lors même qu'elle va, comme les autres astres, vers l'occident, s'appelle le *mouvement propre* ou *mouvement périodique;* mouvement réel qui a lieu dans cette planète. (*Abrégé d'Astr.*, art. 55.) C'est ainsi que le batelier, emporté avec son bateau, peut aller, par son mouvement propre, de l'occident vers l'orient, tandis que le bateau va d'orient en occident, suivant le cours de la rivière.

Ce mouvement est si considérable que, dans l'espace de 27 jours, la lune, qui a paru d'abord auprès d'une belle étoile, s'en détache, s'en éloigne et fait le tour du ciel, dans une direction contraire au mouvement diurne. Au bout de 27 jours elle revient se placer à côté de cette même étoile; à la fin du premier jour elle s'en était éloignée de 13° ou un peu plus; le deuxième jour elle en était à 26°; le troisième à 39°, etc.; enfin après 27 jours, son éloignement est de 360°, par conséquent elle est revenue par le côté opposé; ainsi elle se trouve au même point où elle paraissait 27 jours auparavant, après avoir paru répondre successivement aux étoiles qui se rencontrent sur son passage. (*Abrégé d'Astr., id.*)

Ces déplacements perpétuels et ces retardements progressifs de la lune sont une suite évidente de son mouvement, et la diversité de ses phases en est un effet tout aussi sensible. Cette diversité a pour cause la différente position de cette planète qui de sa surface brute et inégale, par des réflexions différentes, renvoie vers la terre la lumière qu'elle reçoit du soleil.

Vous savez qu'un globe éclairé par le soleil ou par un flambeau n'en peut recevoir la lumière immédiate que sur l'une de ses deux moitiés. La lumière glisse sur les extrémités qui terminent la moitié éclairée. Quand la Lune est en *conjonction*. c'est-à-dire placée entre le Soleil et la Terre, elle tourne vers le Soleil toute sa moitié éclairée, et vers la Terre toute sa moitié obscure; puisque nul objet n'est visible que par les traits de la lumière qui en sont réfléchis, elle est invisible; et c'est ce qu'on appelle la *nouvelle lune*.

Mais si la Lune se retire de dessous le Soleil de 15 ou 20° à gauche vers l'orient, ce n'est plus toute sa moitié obscure qui est tournée vers la Terre, une petite portion de sa moitié éclairée commence à nous regarder. Nous voyons sur le côté droit vers le Soleil qui vient de se coucher, ou même avant qu'il se couche, cette petite portion lumineuse sous la forme d'un croissant, et les pointes de ce croissant sont tournées à gauche ou regardent l'orient.

Parvenue ensuite au quart de sa course autour de la Terre, elle dégage de plus en plus de notre côté sa partie éclairée et nous en laisse voir la moitié. Or, cette partie éclairée est précisément la moitié du globe lunaire, la moitié de cette moitié ne peut donc être que le quart de tout le globe; c'est le quartier que nous voyons en effet. Alors nous disons qu'elle est en quadrature: c'est le *premier quartier*.

A mesure qu'elle s'éloigne du Soleil, et que la Terre se trouve entre deux, la lumière occupe un plus grand champ dans la partie qui nous regarde, jusqu'à ce qu'enfin l'opposition étant entière, la Terre est directement ou presque directement placée entre le Soleil et la Lune; la lumière s'étend d'un bord de cette planète à l'autre, et la moitié qu'elle tourne vers nous ne diffère plus de la moitié éclairée. Alors elle paraît tout à fait circulaire, son disque entier brille pendant toute la nuit; c'est ce qu'on appelle *jour* de la *pleine lune* ou de l'*opposition*. La Lune ne s'éclipse jamais que dans l'opposition; elle peut être dans une opposition parfaite, ce qui arrive, comme je l'ai dit page 97, lorsque son centre, celui de la Terre et le centre du Soleil se trouvent sur une même ligne droite.

Par une raison semblable, la Lune en conjonction peut avoir son centre sur une ligne ou tout proche d'une ligne qui passe par le centre de la Terre d'une part et celui du Soleil de l'autre ; en ce cas, elle dérobe à la Terre la vue du Soleil et l'éclipse en entier ou le lui cache en partie. Mais cette planète, quoiqu'en opposition, peut être distante de cette ligne de la moitié ou plus de son épaisseur, et alors l'interposition du corps lunaire ne cause aucune nouveauté. (*Spect. de la Nat.*, t. IV.)

Dès le lendemain de l'opposition, la moitié éclairée commence à s'engager un peu derrière la Lune à notre égard. La moitié qu'elle tourne vers nous n'est pas exactement visible en entier, la lumière abandonne peu à peu le côté occidental, en s'étendant d'autant sur la moitié qui ne regarde point la Terre, c'est le *dernier quartier;* les extrémités de la moitié lumineuse passent successivement sur tout le disque antérieur vers la gauche, jusqu'à ce qu'enfin la Lune étant prête à passer de nouveau entre le Soleil et la Terre, ne laisse plus voir à la Terre qu'une petite portion éclairée qui s'est détournée de notre vue, et le Soleil, dans cette circonstance, paraissant un peu à gauche de la Lune, le croissant allonge ses cornes vers la droite et du côté du couchant.

Cette lueur faible que vous voyez répandue sur tout le corps lunaire dans les premiers et les derniers jours des croissants, est encore un effet du mouvement propre de la Lune et de la circonstance de sa situation. La Terre réfléchit la lumière du Soleil vers la Lune, comme la Lune la réfléchit vers la Terre. Quand la Lune est en conjonction, la Terre est pour elle en opposition. C'est proprement pleine terre pour la Lune, et la clarté qu'elle jette sur celle-ci est telle, que la Lune peut nous la renvoyer par réflexion. La Lune entière serait donc visible aux approches de la conjonction, si le Soleil qui est dans son voisinage et qui efface la lumière même des étoiles, n'absorbait entièrement cette lueur terrestre réfléchie sur le globe de la Lune. Celle-ci ne peut donc être vue quoiqu'il ne se trouve aucune masse entre elle et nos yeux. Mais quand la Lune est un peu reculée du Soleil, et que cependant la Terre est encore presque dans son opposition, la lumière qui passe du disque éclairé de la Terre sur la surface obscure de la Lune s'y réfléchit, revient à nous quoique affaiblie, et nous montre tout le corps de la Lune non-seulement bordé d'un croissant d'or, mais couvert dans tout le reste d'une lueur douce qui la détache de l'azur des cieux. (*Spect. de la Nat.*, t. IV.)

Voyons présentement comment, à l'aide de la géocyclique, on peut expliquer les phases. L'index de l'alidade étant au premier degré du Bélier, la Terre se trouve au premier degré de la Balance, où elle doit être. Placez le globe lunaire entre le Soleil et la Terre, et la moitié blanche vers le Soleil. La Lune alors est en conjonction avec le Soleil ou dans son périhélie, c'est-à-dire dans un point de son orbite le plus près du Soleil; il y aurait éclipse de Soleil, si cet astre se rencontrait dans le même plan avec la Terre et la Lune. Cette position est celle de la *nouvelle lune*.

Comme cette planète fait sa révolution en 27 1/2 jours, sept jours après la conjonction, elle a fait le quart de sa révolution : pour avoir ce quart, faites mouvoir l'index lentement de gauche à droite dans l'espace de sept jours indiqués sur le cercle des mois, la Lune partie du point d'intersection répondra au cercle terminateur : elle est dans la première quadrature; cette position est celle du *premier quartier.* La Terre en voit un quart éclairé, tandis que les autres quarts obscurs sont dans l'ombre. Avant que la Lune arrive à cette phase, elle est visible tous les soirs sous la forme d'un croissant dont les pointes sont tournées vers l'orient, et qui augmente peu à peu, comme il vous a déjà été dit.

Sept autres jours après, la Lune est opposée au Soleil; faites parcourir à l'index le même nombre de jours, le globe lunaire sera en opposition ou dans son aphélie; il y aurait éclipse de Lune si l'opposition était parfaite. Cette phase est la *pleine lune*, et pour en avoir l'idée, il faut tourner vers le Soleil la partie blanche du globe lunaire.

Encore sept jours après, elle se trouve dans la deuxième quadrature; et vous voyez que le globe lunaire répond encore au cercle terminateur : cette phase est le *dernier quartier.*

Enfin, sept autres jours après, la Lune a fait sa révolution entière, elle est revenue en conjonction avec le Soleil; elle n'est plus visible, parce qu'elle se perd dans les rayons solaires.

Pour que la Lune, après avoir fait une révolution entière dans son orbite, arrive jusqu'au Soleil, il faut qu'elle parcoure encore les 29° que le Soleil a semblé parcourir dans l'écliptique en 29 jours par le mouvement annuel. Ainsi, quand la Lune a atteint le Soleil, il y a plus de deux jours que sa véritable révolution est finie, et celle-ci ne dure que 27 jours 7 heures 43 minutes 4 secondes 1/2; c'est ce qu'on appelle *révolution périodique*. Ainsi le retour de la Lune à sa conjonction est de 29 jours 12 heures 44 minutes 3 secondes; c'est ce que l'on nomme *lunaison, mois synodique*.

FIN.

www.ingramcontent.com/pod-product-compliance
Ingram Content Group UK Ltd.
Pitfield, Milton Keynes, MK11 3LW, UK
UKHW021129260726
13994UKWH00001B/58